ARCHITECTURE FOR TEENS

10대를 위한
나의 첫 건축 수업

ARCHITECTURE FOR TEENS

대니얼 윌킨스 지음 | 배상규 옮김

시프

목차

4장: 건물을 넘어서: 건축가가 사회를 형성하는 방법

5장: 교육 과정 및 진로

들어가는 말

안녕하세요! 저는 여러분에게 건축이라는 흥미로운 직업 세계를 소개해줄 대니얼 윌킨스라고 합니다. 저는 건축가이자 건축사학자여서 건축 환경의 역사와 미래가 교차하는 지점에 관심이 많습니다. 저는 모형 제작, 3D 모델링과 같은 건축 기법을 사용해서 유적지를 기록하고 해석하고 보존하는 일을 합니다. 그리고 이들 유적지에 새로운 생명을 불어넣고 싶은 소망이 있기에, 우리를 둘러싼 세계를 경험하고 세계와 상호 작용하는 방식에 대해서 다시금 고민하며 설계 작업을 진행합니다.

건축은 기술, 공학, 예술, 재료과학, 그리고 심리학까지 접목되어 있는 매우 복잡하고 다채로운 분야입니다. 저는 건축가라는 직업 덕분에 운 좋게도 전 세계의 유명 유적지나 혁신적인 건축물을 직접 방문하거나 가상으로 체험할 수 있었습니다.

제가 건축에 푹 빠지게 된 건 어려서부터 그림 그리기, 사물의 작동 원리, 문제 해결에 관심이 많았기 때문입니다. 크레용을 집어 들 수 있는 나이가 된 이후로 제 손에서는 스케치북이나 모형 블록이 떠나는 일이 거의 없었습니다. 이후에는 새로운 디지털 기술에 매료되었고, 또 삼촌이 건축공학자로서 제도용 책상 위에 각종 장비와 스케치, 제도 도구를 가득 올려놓고 일하시는 모습에서 매력을 느꼈습니다. 삼촌이 창작자이자 문제 해결사로 일하는 모습을 보며 저는 상상 속에서 건물 짓는 꿈을 품게 되었습니다.

학위를 취득하고 난 뒤에는 소규모 주택 설계사무소와 대형 설계사무소에서 인턴사원으로 일하기 시작했습니다. 이후 유네스코 세계문화유산 소속 건축사학자 및 연구원으로, 또 엘리자베스강 살리기 프로젝트의 시설물 건축 관리자로, 그리고 전통 기술과 신기술(3D 스캐너와 드론 등)을 이용해 다양한 유적지를 조사하는 현장 연구원으로 일했습니다. 그리고 지금은 건축 설계와 역사를 가르치는 교육자로 살아가고 있습니다. 저는 어린 학생들에게 건축 설계라는 세계를 소개하고, 학부생 및 대학원생과 지속가능하고 회복탄력적이고 모두가 어우러지는 세상을 만들기 위한 방법을 탐구하는 연구 및 프로젝트를 진행하는 것이 즐겁습니다. 그리고 여러분에게

이 책을 통해 건축의 세계를 소개할 수 있게 되어서 무척 기쁩니다.

　이 책은 여러분에게 건물이 어떤 원리에 의해 어떻게 지어지는지에 대해 다양한 이야기를 들려줄 것입니다. 그 과정에서 여러분은 중요한 건축 양식과 건축가를 접하게 될 것이고, 건축가가 설계를 할 때 어디에서 영감을 얻고 어떻게 설계 작업을 진행해나가는지를 몇몇 현대 건축가들의 작품을 통해 자세히 살펴보게 될 것입니다. 건축물은 마치 양파와 같아서 제대로 이해하려면 모든 층을 다 알아야 한다는 사실도 알게 될 것입니다.

　건축은 다면적일 뿐 아니라 계속해서 진화해가는 분야입니다. 부디 이 책이 여러분에게서 호기심과 창의성을 이끌어내기를, 그리고 그것이 건축 설계라는 생기 넘치고 보람찬 여정으로 이어지기를 기대해봅니다.

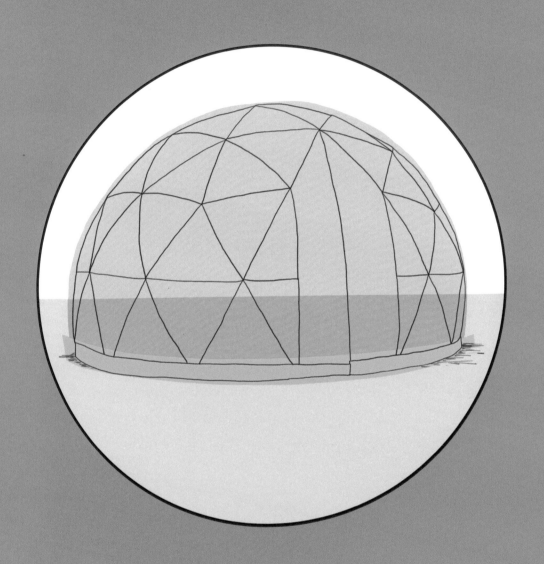

1장

가족항이 세계로 초대합니다

건축 환경을 더 깊이 이해하고 설계 작업을 성공적으로 이끌어가기 위해서 건축가는 건축의 밑바탕을 이루고 있는 것들을 공부해야 합니다. 건축가에게 과거는, 미래에 나타날 만한 가능성을 알려줍니다. 그렇기에 특정 건축가나 특정 건축사무소의 작품뿐만 아니라 문화나 장소, 시대가 다른 건축물을 살펴보는 것이 중요합니다. 현대 건축의 흐름과 더불어 과거의 건축을 탐구해나갈 때, 우리는 지금보다 평등하고 지속가능한 세상을 만들어가는 방법을 더 쉽게 알아낼 수 있을 것입니다. 이번 장에서는 건축사를 대표하는 건축 양식과 건축가를 소개하고 더 나아가 건축이 실제로 이뤄지는 과정과 건축가의 역할에 대해서도 살펴볼 것입니다.

건축이란 무엇인가요?

가장 기본적인 수준에서 보자면 건축은 안식처입니다. 건축은 온갖 것들로부터 우리를 보호해주며, 우리는 그 조절된 환경 속에서 안락함을 누립니다. 건축사학자 니콜라스 페브스너(Sir Nicholas Pevsner) 경은 "자전거 보관소가 건물이라면 링컨 성당은 건축이다"라는 비유를 들며 건축의 의미를 더욱 과감하게 정의하기도 합니다. 하지만 건축의 의미를 제대로 정의하려면 이보다 크고 폭넓은 시각으로 건축을 바라봐야 합니다.

건축은 건물뿐만 아니라 건물을 짓는 행위까지도 아우르는 말입니다. 건축은 새로운 공법, 혹독한 기후, 그리고 지진 따위의 가혹한 대지 조건과 씨름을 벌이는 실험적인 분야입니다. 동시에 건축은 예술이기도 합니다. 건물은 디자인에 따라 강렬하고 위압적인 인상을 주거나 기발하고 즐거운 느낌을 줄 수 있으며, 또 평화롭고 차분하거나 신나고 톡톡 튀는 인상을 줄 수도 있습니다. 건축은 형태와 재료, 접근법, 대지 조건이 굉장히 다양하기 때문에 놀랍도록 다채로운 모습을 보여줍니다.

건축을 온전히 이해하려면 다음과 같이, 건축을 구성하는 다섯 가지 기본 요소를 떠올려보는 것이 좋습니다.

구조(Structure): 건물의 주요 구조부는 무엇이며, 자연력(풍력이나 지진력) 혹은 인공력(건물 무게에 의한 고정 하중이나 거주자에 의한 활하중) (활하중: 건물에 하중을 가하는 가구, 도구, 사람 등의 총 무게_옮긴이) 중에서 건물에 주로 영향을 미치는 힘은 무엇인가?

기능(Program): 건물의 기능은 무엇인가? 이 세상에는 다용도로 쓰이는 건물도 있고, 주거나 교육, 병원, 사무 공간처럼 한 가지 용도로만 쓰이는 건물도 있습니다.

경제성(Economics): 건물을 짓는 과정에는 비용이 많이 들어가는데, 그렇다면 그 비용을 부담하고 건물을 관리하는 사람은 누구이며 그들은 왜 그렇게 하는 것일까?

예술성(Aesthetics): 건물에서 가장 중요한 시각적 요소는 무엇인가? 그 건물이 기존의 양식을 따르고 있는가, 아니면 특정 시대나 장소와 무관한 모습을 보이고 있는가?

지역성(Region): 건물이 위치하는 지역은 어느 곳이며 기후와 지리, 문화는 건물 디자인에 어떠한 영향을 미치고 있는가? 아니면 그와 반대로 건물이 대지에 어떠한 형태를 부여하고 있는가?

우리는 건축이라는 도구를 통해서 문화와 시대를 연구하고 더 나아가 우리의 미래를 그려나갈 수 있습니다.

건축의 역사

이 세상에는 매력적인 건물이 참 많으며, 건물에 얽힌 뒷이야기와 건축을 감상하는 요령을 배우면 역사가 살아 숨 쉬는 체험을 할 수 있습니다. 건축가는 설계와 시공 기술을 아우르는 광범위한 지식과 더불어 건축 환경의 역사에 대해서도 잘 알아둬야 합니다. 또 건축가는 건물뿐만 아니라 정원이나 공원을 비롯한 조경, 교량이나 터널과 같은 기반 시설, 그리고 대규모 도시 계획에 대해서도 배워둬야 합니다.

전 세계 어느 곳에서나 건물은 각 지역의 문화, 지리, 역사적 배경에 영향을 받습니다. 건물을 자세히 연구해보면 제각기 다른 시대와 다른 건축가 사이에서 여러 가지 연결 고리를 발견할 수 있습니다. 예컨대 나무는 오랜 세월 동안 수많은 곳에서 건축 자재로 사용되어 왔습니다. 또 포치처럼 건물에서 흔히 볼 수 있는 공간 역시 여러 건축가가 단순한 요소를 변용해서 비바람을 피하는 대피처를 마련하는 동시에 건물의 전체 형태와 장식성을 향상시킨 사례입니다.

폐허, 유적지, 그리고 건축 도면 및 도서는 건축의 발전 과정을 보여주는 귀중한 창구입니다. 이런 창구를 통해 우리는 건축에 새로운 기술이나 수준 높은 공법이 어떤 식으로 적용되었는지, 그리고 건물이 건축주와 일반 대중의 제각기 다른 요구 사항을 어떻게 만족시켰는지 가늠해볼 수 있습니다. 이 세상에는 눈여겨볼 만한 건축이 무수히 많습니다.

왜 건축가가 되는 걸까요?

현직 건축가에게 건축에 관심을 갖게 된 이유를 묻는다면, 많은 이들이 조립식 블록이나 장난감을 무척 좋아했다는 대답을 내놓을 것입니다. 또 누군가는 끊임없이 뭔가 새로운 것을 그려보면서 상상의 나래를 펼쳤다든가 아니면 기계 및 구조물의 작동 원리에 호기심이 많았다고 이야기할 것입니다. 건축가는 거주자의 삶을 향상시키고 지역 사회를 더욱 긴밀하게 결속시키는 의미 있는 공간을 만들어냅니다.

인간에게는 안식처에 머물고픈 근원적인 욕구가 있으며, 기본적으로 건축가에게는 이 욕구를 만족시켜줘야 할 책임이 있습니다. 하지만 건축가에게는 단순히 건물을 짓는 것보다 훨씬 큰 책임이 주어집니다. 건축가는 예술과 공학을 넘나드는 설계 작업을 통해 물리적인 세계에 형태를 부여합니다. 건축가의 작품은 공적 영역과 사적 영역 모두에 영향을 미칩니다. 건축가는 기술의 한계를 시험하는 새로운 자재와 공법을 탐구합니다. 건축가는 우리 마음속에서 감정을 불러일으키는 매혹적이고 특색 있는 구조물을 만들어내기도 합니다. 여러분도 어떤 건물 앞에서 경이로움을 느껴본 적이 있나요? 최근에 다녀온 여행지나 현장 학습에서 어떤 건물을 둘러본 적이 있다면 그 건물을 머릿속에 떠올려봅시다. 한때 그 건물은 그저 아이디어에 불과했지만 건축가는 그 아이디어를 현실로 바꿔놓았습니다.

건축가는 해결사입니다. 건축가에게 있어서 가장 중요한 역량은 설계 아이디어를 풀어나가는 능력입니다. 건축가는 창의적입니다. 건축가는 자신의 아이디어를 그림으로 그리고 모형으로 만들어보면서 공간이라는 문제와 씨름합니다. 그들은 건물의 각 부위에서 성능 저하가 최대한 서서히 일어나도록 구조체를 설계합니다. 또 그들은 방치되었거나 활용되지 않는 대지를 재탄생시키는 작업에 도전하기도 합니다. 건축은 무엇보다 공학, 예술, 역사, 기억, 환경과 관련된 영역에서 일하고 싶은 사람에게 아주 잘 어울리는 분야입니다. 또한 건축은 더 나은 미래를 만들어가는 동시에 과거를 보존하고 이해하고자 하는 사람에게도 이상적인 분야입니다.

선사시대(기원전 3500년 이전): 초기 사회가 형성되자 사람들은 마을을 이루기 위한 정착지를 건설했고, 이에 따라 크게 세 가지 유형의 건축물이 등장했습니다. 그중 첫 번째 유형은 땅을 파낸 다음 지면 아래에 지은 주거지나 신전입니다(차탈회위크와 스카라 브레, 왼쪽). 두 번째 유형은 커다란 돌덩이를 옮기고 쌓아 거대한 기념물로 만든 거석 건축물입니다(뉴그레인지와 스톤헨지). 세 번째 유형은 암석을 파서 지하 구조물로 만든 건축물입니다(할 사플리에니 지하 신전).

고대 이집트(기원전 3050년~332년): 세 왕국이 수천 년에 걸쳐 존재했던 고대 이집트 건축계에서는 복잡한 측정 체계, 세밀한 건축 도면, 전체 프로젝트를 책임지는 건축가와 같이 설계 과정에서 빼놓을 수 없는 요소들이 등장했습니다. 고대 이집트 건축은 더욱 정교해지면서 미래 세대에게 끊임없이 영감을 주었고, 건축계에 지속적으로 영향을 미쳤습니다.
주요 유적지: 핫셉수트 신전(오른쪽), 룩소르 신전, 카르나크 신전, 아부심벨 신전

고전 양식(기원전 850년~기원후 476년): 고대 그리스는 인구의 이동 및 도시의 성장을 관리하고자 질서정연한 격자형 도시 계획을 발전시켰습니다. 오늘날의 이탈리아가 위치한 곳에 살았던 에트루리아인들은 건축에 아치라는 요소를 도입했으며, 고대 로마인들은 이 아치를 활용해 수로와 개선문, 콜로세움과 같은 경기장이나 돔형 구조물을 지었습니다. 동양에서는 흙이나 나무로 지은 탑을 비롯해 불교 건축물이 많이 지어졌습니다.
주요 유적지: 아테네 아크로폴리스(왼쪽), 판테온, 동대사, 아잔타 석굴

비잔틴 양식(330년~15세기): 동유럽과 아시아의 유적지를 넘나들던 비잔틴 제국의 건축가들은 양쪽의 건축 양식과 형태를 하나로 버무려냈습니다. 비잔틴 양식의 돔 건축물은 이전 시기의 돔 건축물보다 높이가 더 높아졌고, 내부 장식을 위해 생생한 모자이크와 화려한 조각, 복잡한 기하학 문양이 더해졌습니다.
주요 유적지: 산비탈레 성당, 산마르코 대성당, 하기아 소피아 대성당(오른쪽)

메소아메리카(기원전 1800년~기원후 1521년): 중앙아메리카의 도시 국가들은 태양의 움직임과 천문학에 따라 계획되었고, 화려하게 채색한 높은 신전 및 여가 시설로 구획된 대형 도시를 중심으로 번성했습니다.

주요 유적지: 테오티우아칸, 티칼, 치첸이트사(위쪽)

고딕 양식(1100년~1450년): 중세의 방어용 건축 이후에 등장한 고딕 시대에는 도시 계획을 확장해야 할 필요성이 생겼습니다. 이 시기에는 대성당이 등장하기 시작합니다. 돌과 나무로 지은 대성당 내부에는 플라잉버트레스(외부 버팀벽_옮긴이)가 지탱하는, 높이 솟아오르는 아치형 공간이 존재하며 스테인드글라스 창문을 통해 빛이 흘러 들어옵니다.

주요 인물: 모리스 드 쉴리, 빌라르 드 온느쿠르, 기욤 드 상스

로마네스크 양식 (800년~1100년): 이 시대의 건축가들은 로마 양식을 활용해 기독교 건물을 지었습니다. 이들 기독교 건물은 벽체가 두껍고 단단하고 기둥이 거대했으며, 평면이 둘 이상의 축 방향으로 대칭을 이루는 중앙 집중형이었습니다.

주요 유적지: 아헨, 생푸아 수도원

르네상스 양식(14세기 중반~16세기): 고전 시대의 건축이 부활하면서 건축가들은 고전 시대로부터 영감을 얻었습니다. 그들의 설계안에는 건축을 바라보는 새롭고 탁월한 관점이 꼭 필요했습니다. 이 시기에 종이가 더욱 널리 보급되면서 건축가들은 예전보다 책과 도면집을 더 많이 엮어낼 수 있었으며, 이 중 다수가 토스카나, 도리아, 이오니아, 복합식과 같은 기둥 양식을 탐구했습니다.

주요 인물: 필리포 브루넬레스키, 레오나르도 다빈치, 미켈란젤로, 안드레아 팔라디오(오른쪽)

바로크 양식(16세기 말~18세기 초): 바로크 시대에는 재력과 예술적 기교를 과시하는 대형 궁전이나 교회 건물이 특징적으로 나타납니다. 이들 건물의 평면도는 울룩불룩한 형태가 복잡하게 얽혀 있으며, 실내는 조각 장식과 거울, 그리고 풍성한 색감과 바탕 면으로 거주자의 시선을 사로잡는 착시화로 꾸며졌습니다.

주요 인물: 잔 로렌초 베르니니, 프란체스코 보로미니(왼쪽), 과리노 과리니, 발타자르 노이만, 크리스토퍼 렌

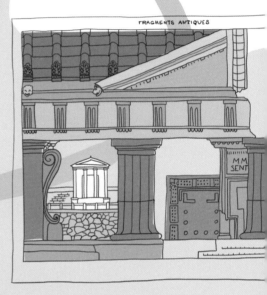

신고전주의 양식(18세기~19세기): 과학에 대한 관심이 높아지는 가운데 폼페이와 그리스, 이집트, 시리아에서 고고학적 발견이 이뤄지자 일부 서양 건축가들은 해당 유적지를 답사하고자 여행길에 오릅니다. 이 시기 유럽에서는 도시 인구가 증가하면서 고대 세계에 대한 새로운 지식을 바탕으로 오페라 하우스, 도서관, 박물관과 같은 새로운 유형의 대형 건물이 등장합니다.

주요 인물: 조반니 바티스타 피라네시, 존 손, 벤자민 헨리 라트로브, 앙리 라브루스트

신고딕 양식(18세기~19세기): 고딕 건축에 감화된 영국 건축가들은 주철이나 대형 판유리와 같은 새로운 재료로 으스스한 느낌의 건축물을 지었습니다.

주요 인물: 호러스 월폴(위쪽), 오거스터스 웰비 퓨진

미술 공예 운동(19세기 말 ~20세기 초): 미술 공예 운동은 급격한 산업화와 기계화로 인해 수공예가 사라지는 현상에 반발해 등장했습니다. 균형점을 찾던 건축가와 장인들은 가구, 벽지, 기타 직물과 같은 물건을 대량 생산하고자 힘을 합쳤습니다.

주요 인물: 윌리엄 모리스, 찰스 보이지, 메리 시튼 와츠

아르누보 양식(19세기 말~20세기 초): 수명이 짧았던 아르누보야말로 건축, 인쇄술, 삽화, 가구, 보석, 그리고 가구 및 소품과 같은 장식미술 속에서 처음으로 나타난 현대적인 장식 양식입니다. 아르누보 양식은 유연한 곡선과 아라베스크 무늬(덩굴 식물과 같은 우아한 선이 지면이나 포스터 위로 내달리기도 하고 공간 속을 구불거리며 가로지르는 무늬)를 사용하는 것이 특징입니다.

주요 인물: 안토니 가우디, 엑토르 기마르, 빅토르 오르타, 찰스 레니 매킨토시, 맥도널드 자매

아르데코(1925년~1940년): 예각과 지그재그 형태를 사용해 역동적인 느낌을 주는 아르데코 양식은 전기나 전파에서 느껴지는 정서를 담고 있습니다. 알루미늄, 검정색 래커, 유리를 주요 소재로 사용하는 아르데코 양식의 작품은 흔히 재즈 모던이라고도 불립니다.

주요 인물: 레이먼드 후드, 윌리엄 반 알렌(오른쪽)

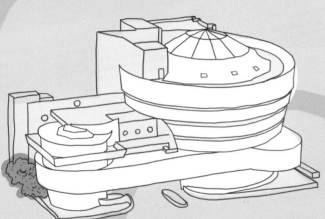

모더니즘(1900년~1960년대): 서구 사회의 산업 현장들은 근로자의 이동 및 주거에 초점을 둔 구조와 신소재, 설계안 속에서 새로운 발전을 이끄는 원동력이 되었습니다. 건축가들은 대량 생산 체계를 바탕으로 설계 과정을 통합해나갔습니다. 콘크리트는 고대 로마 시대 이후 처음으로 다시 각광받는 재료가 되었습니다. 이 시기에는 강철과 유리도 많이 쓰였으며, 장식은 최소화되었습니다.

주요 인물: 리나 보 바르디, 찰스 임스와 레이 임스, 아일린 그레이, 발터 그로피우스, 루이스 칸, 샤를로트 페리앙, 프랭크 로이드 라이트(위쪽)

포스트모더니즘(1970년대~21세기 초): 포스트모더니즘 시기에는 장식, 도상학(미술 작품의 내용을 해석하고 서술하는 학문_옮긴이), 다원주의와 같은 근대 초기의 몇몇 개념이 다시 도입됐습니다.

포스트모더니즘 양식의 건물은 다른 시대에 속하는 형태나 요소를 인상적으로 섞어놓은 경우가 많습니다. 예컨대 이집트 피라미드를 강철과 유리로 재탄생시킨다든가, 아니면 근엄한 인상으로 지어지기 마련이던 공공건물에 화사한 색의 기둥이나 명랑한 분위기의 대형 조각을 설치하는 것처럼 말입니다.

주요 인물: 마이클 그레이브스, 찰스 젠크스, 알도 로시, 로버트 벤투리, 데니즈 스콧 브라운

건축계가 풀어야 할 과제

건축가는 전문가로서 실용성과 예술성 사이에서 균형을 맞춰야 하기 때문에 실용적인 동시에 선구적이어야 합니다. 건축가는 겉보기에 서로 모순되는 이 요구들 앞에서 어떻게 대처해 나가야 할까요?

건물에서 눈길을 가장 많이 끄는 요소는 설계 과정에서 가장 큰 난관으로 작용하기도 합니다. 설계 작업을 할 때는 적절한 방법이나 해결책이 하나로 딱 정해져 있지 않습니다. 건축은 우리가 해낼 수 있는 것이 무엇이고 그 과정에서 어떤 장애물이 나타날 수 있는지를 해석하고 선택하는 흥미로운 퍼즐과 같습니다.

오늘날 건축계의 최대 화두는 기후변화와 기술입니다. 산업혁명 이래로 건축가와 공학자, 사회 지도자들은 급격한 도시 인구 증가에 대응하고자 새로운 유형의 도시 계획과 건축물에 관심을 기울이면서 전례 없는 도시 계획을 담은 대규모 프로젝트를 추진해 왔습니다. 건축가와 건축업자들은 자재를 채취하고, 채취한 자재를 전 세계

건축가는…

- 난관 속에서 기회를 포착하는 창의적인 문제 해결사입니다.
- 주변 환경에 관심이 많고 사물을 다양한 관점으로 바라봅니다.
- 무언가를 만들어내는 창조자이자 적극적으로 협력하는 협업자입니다.
- 설계 과정에서 기꺼이 실험하고 위험을 감수하며, 건설적인 비평과 역경 앞에서도 꿋꿋한 모습을 보입니다.
- 설계를 발전시키기 위해 시간을 들여 연구하고 수정 사항이 작품에 반영되도록 현장의 목소리에 귀를 기울입니다.
- 말이나 글뿐만 아니라 시각 자료를 통해서도 명확하고 설득력 있게 소통할 줄 압니다.

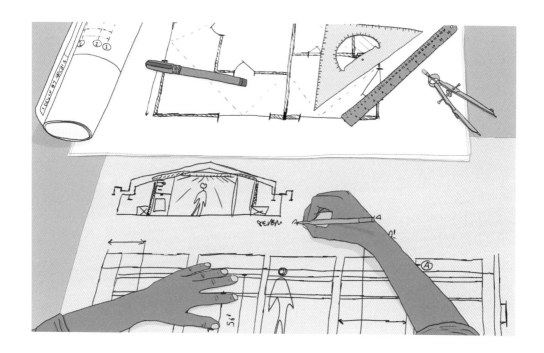

현장으로 실어 나르고, 물과 전기, 연료를 새로운 방식으로 소비하는 건물을 짓는 과정에서 막대한 양의 에너지를 사용했습니다.

요즘 건축가들은 에너지를 과도하게 사용하던 과거의 시공 방식을 돌아보며 건물을 지속가능한 방식으로 짓고자 노력하고 있습니다. 요즘은 신기술 덕에 스마트 빌딩 시스템으로 기후변화에 대응할 수도 있고, 건물의 설계와 시공, 운영을 효율적으로 관리할 수도 있게 되었습니다.

하지만 설계 작업은 늘어만 가는 기계화 작업에 굴복해서는 안 됩니다. 컴퓨터 모델링과 로봇 시스템은 설계 작업을 보완하는 수단으로 쓰일 수 있지만, 그렇다고 해도 우리에게는 건물과 대지의 특수성을 살펴서 설계 작업을 멋지게 진행해줄 건축가가 필요합니다. 독특한 형태의 건물과 새로운 정보 공유 방식이 넘쳐나는 이 세상은 점점 더 복잡해져가고 있습니다. 건축가 역시 건축계 내에서 좁은 분야에 정통한 사람이 되는 길과 너른 분야를 아우르는 사람이 되는 길 사이에서 어느 쪽이 더 좋을지 따져봐야 합니다. 두 가지 길을 모두 추구할 수도 있겠지만 현대 사회에는 수많은 선택지와 신기술이 존재하기 때문에 두 마리 토끼를 모두 잡기란 쉽지

유명 건축가 20인

1. **임호텝**(기원전 2700년): 역사상 최초의 건축가 중 한 명으로 기록되어 있는 임호텝은 샤카라에 위치한 계단식 피라미드를 설계했으며, 이 피라미드는 전 세계에 위치한 여러 기념 건축물에 영향을 미쳤습니다.

2. **마르쿠스 비트루비우스 폴리오**(기원전 90~20년경): 로마의 공학자이자 군사 전략가이자 건축가였던 비트루비우스는 최초의 건축 이론서로 알려진 『건축서』(기원전 1세기)를 저술했습니다.

3. **미켈란젤로**(1475년~1564년): 화가이자 조각가이자 건축가였던 미켈란젤로는 여러 교황의 후원 아래 르네상스기의 로마를 활기가 넘치는 곳으로 새로이 단장했습니다.

4. **미마르 시난**(1488년~1588년경): 오스만 제국에서 가장 빼어난 건축가였던 미마르 시난은 200여 채에 달하는 건물을 지었습니다.

5. **안드레아 팔라디오**(1508년~1580년): 석공이었던 팔라디오는 성당, 궁정, 저택 설계를 통해 이탈리아 베네토주의 경관을 변모시켰지만, 그의 가장 중요한 업적은 『건축 4서』를 남긴 것입니다.

6. **토머스 제퍼슨**(1743년~1826년): 제퍼슨은 독학으로 건축 공부를 했지만, 그가 설계자로 참여한 미국 연방 정부 건물은 고전주의의 양식을 바탕으로 초기 미국 건축의 기틀을 형성했습니다.

7. **안토니 가우디**(1852년~1926년): 가우디는 자연에서 영감을 얻어 중력을 거스르는 건물을 선보였으며 조각과 색채를 건축에 매끈하게 담아냈습니다. 또한 사슬형 아치의 사용법을 가장 앞서서 고안해내기도 했습니다.

8. **프랭크 로이드 라이트**(1867년~1959년): 프랭크 로이드 라이트는 열정이 넘치는 미국 건축가로서, 유기적 모양과 형태에서 영감을 얻어 미국과 일본에 있는 건물을 설계했습니다.

9. **미스 반데어로에**(1886년~1969년): 유리와 강철의 성질을 속속들이 꿰뚫고 있던 미스 반데어로에는 바우하우스를 떠난 뒤, 미국에 모더니즘을 전하는 데 일조했습니다. 그는 "간결할수록 더 아름답다 Less is more"라는 건축 철학으로 잘 알려져 있습니다.

10. **매리언 마호니 그리핀**(1871년~1961년): 공식 자격을 취득한 역사상 최초의 여성 건축가인 그리핀은 미국, 인도, 호주에서 활동했으며 호주 수도 캔버라의 도시 계획에 공동으로 참여했습니다.

11. **르코르뷔지에**(1887년~1965년): 샤를 에두아르 잔느레가 본명인 르코르뷔지에는 그림, '삶을 위한 기계'라는 개념, 대담한 도시 계획, 『건축을 향하여』(1923년)를 비롯한 여러 혁신적인 출판물을 통해 에스프리 누보(새로운 정신이라는 뜻_옮긴이)를 열어나갔습니다.

12. **폴 리비어 윌리엄스**(1894년~1980년): 미국 서부 해안 지역에서 왕성하게 활동한 그는 흑인 최초로 미국건축가협회(AIA)의 회원이 되었고 협회에서 시상하는 금메달을 수상(사후 수상) 함으로써 미국건축가협회 내 인종 차별의 장벽을 무너뜨렸습니다.

13. **리나 보 바르디**(1914년~1992년): 남다른 그림체를 바탕으로 모더니즘을 이끌던 그녀는 산업디자이너이자 건축가, 사회 운동가로 활동했으며 지역 특성이나 경관에서 영감을 얻었습니다.

14. **노마 메릭 스클레억**(1926년~2012년): 자신의 앞길에 놓인 여성, 인종, 건축사 자격 문제를 뛰어넘은 스클레억은 미국 및 해외의 대형 공공기관 건물을 설계했으며, 나중에는 다른 두 여성과 함께 건축사무소를 차렸습니다.

15. **아이 엠 페이**(1917년~2019년): 고층 건물과 문화적 아이콘으로 명성이 자자한 그의 작품은 삼각형 형태와 스페이스 프레임(대형 공간을 만들기 위한 건축 구조_옮긴이)을 사용하는 특징이 있습니다.

16. **프랭크 게리**(1929년생): 해체주의의 선두주자인 프랭크 게리는 건축물과 조각품 사이의 경계선을 희미하게 만들었습니다.

17. **안도 다다오**(1941년생): 콘크리트 타설 기법에 관심이 많았던 안도 다다오는 단순한 물질로 이뤄진 팔레트에 대담한 형태와 인상적인 빛의 움직임을 더했습니다.

18. **자하 하디드**(1950년~2016년): 자하 하디드는 교차하는 각도와 곡선형 볼륨이 드러나는 작품으로 구조적 표현주의를 재정립했으며, 여성 최초로 영예로운 프리츠커상(인류와 환경에 공헌한 건축가에게 주어지는 상_옮긴이)을 수상했습니다. 자하 하디드는 대개 컴퓨터 알고리즘을 활용하는 파라메트릭 기법으로 설계 작업을 진행합니다.

19. **세지마 가즈요**(1956년생): 건축사무소 사나(SANAA)의 공동 설립자인 세지마 가즈요의 작품은 건축의 경량성과 투명성의 한계를 시험합니다.

20. **데이비드 아자예**(1966년생): 예술가이자 사진작가면서 전 세계를 무대로 활동하는 건축가인 아자예는 박물관과 주거 건물 설계에 매진해왔으며, 자신의 뿌리인 가나 문화에서 영감을 얻는다고 합니다.

않습니다.

건축가는 자신이 설계한 건물을 통해 경제력이나 출신, 배경이 제각기 다른 사람들의 삶이 더 나아질 수 있도록 해줘야 합니다. 불행히도 건축사를 돌아보면 특정 집단을 배척하는 건물이나 도시 계획 사례가 비일비재하며, 그렇기에 요즘 건축가들은 적당한 가격, 사회 변화, 환경과 관련된 주제에 대해서 고민하고 있습니다. 이것은 쉽지 않지만 흥미로운 주제들입니다.

건축에 관심이 생겼다면

여러분의 눈에도 건축이 탐구할 요소가 가득한 다채롭고 흥미로운 분야처럼 보이나요? 좋습니다! 그렇다면 이제 뭘 해야 할까요? 건축에 관심이 생겼다면 관찰력을 날카롭게 길러두면 좋습니다. 주변을 살펴보면서 아주 근사하거나 아니면 아주 볼품없는 공간 혹은 건축적 요소를 눈여겨보는 겁니다. 그러면서 떠오르는 생각이나 감상이 있다면 글이나 그림으로 기록해보세요. 혹시 눈앞에 보이는 문제점을 해결할 방도가 떠오르나요? 그건 사용하기 불편한 문손잡이를 새로 디자인하는 문제처럼 아주 사소한 것일 수도 있고 전체 도시 계획을 새로 짜는 문제처럼 아주 거대한 것일 수도 있습니다. 머릿속에 떠오른 해결책은 종이에 쓸 건가요, 아니면 모형이나 컴퓨터 모델링으로 담아낼 것인가요? 건축 설계의 길로 들어서는 첫 걸음은 관찰하기, 질문하기, 그려보기, 만들어보기와 같이 몇 가지 단순한 활동에서 시작될 수 있습니다.

대학 교과과정에 관심을 갖거나 첫 설계 작품으로 어떤 멋진 상을 수상할 수 있을까 하는 생각을 해보기 전에 아크커리어즈가이드닷컴(ArchCareersGuide.com)에 접속해 공인 건축가가 되는 다양한 경로를 살펴보세요. 이 사이트에는 미국 및 해외 설계사무소나 학교가 주최하는 다양한 여름 건축학교가 소개되어 있습니다. 건축학교 프로그램은 저마다 다양합니다. 그중에는 기숙사나 숙소에 머물면서 배우는 프로그램이 있는가 하면 일일 프로그램도 있는데, 어느 프로그램이나 설계 스튜디오를 직접 체험하는 소중한 기회를 제공합니다. 이들 프로그램에 참여하면

디자인 샤레트(Design Charette, 프로젝트 관계자들이 최종적으로 집중 검토 작업을 하는 모임)와 설계 작업에 대한 건설적인 검토 작업이 어떻게 진행되는지를 알 수 있습니다. 건축캠프나 디자인학교에 가면 앞으로 건축계에서 맡게 될 작업이 무엇인지 미리 엿볼 수 있습니다.

　이 밖에도 지역 내 미국건축가협회 지부를 찾아가 그곳에서 개최하는 행사가 있는지, 멘토가 되어줄 건축가가 있는지를 살펴보는 방법도 있습니다. 자, 그럼 살펴봐야 할 내용이 무척 많으니 지금부터 여정을 시작해볼까요?

건축가의 가방 속에는
무엇이 들어있을까요?

건축 설계 작업이 어떻게 이뤄지는지를 엿보기 위해 건축가의 가방 속을 들여다봅시다.

건축가의 가방 속에는 아래와 같이 다양한 도구들이 들어있습니다.

- 스케치 도구: 스케치북이나 태블릿
- 노트북: 그래픽 작업, 프레젠테이션, 예산안 및 계약서 작성, 일정 기록용
- 휴대전화와 헤드폰: 건축주, 협력업체와 연락을 주고받거나 설계 작업을 하는 동안 음악을 듣기 위한 도구
- 카메라(혹은 스마트폰): 설계 아이디어는 언제 어디서든 나타날 수 있어요.
- 좋아하는 음료가 담긴 보온병
- 현장 방문을 위한 줄자, 안전모, 안전화, 보안경

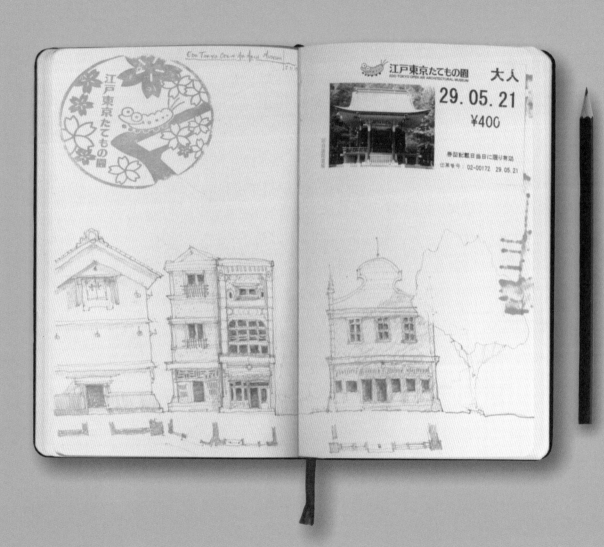

2장

갈등기가 결혼을 지연시키는 방법

오늘날 건축가는 흥미로운 시대를 살아가고 있습니다. 신소재와 신기술 덕분에 건축가의 생각을 사실상 거의 모두 실현할 수 있기 때문입니다(물론 그만한 비용이 있어야겠지만요).

전 세계 여러 곳에서는 건축가와 건축공학자들이 세상에서 가장 높은 건물을 짓고자 경쟁을 펼치고 있습니다. 기자 피라미드는 약 4000년 동안 세계에서 가장 높은 건물이라는 영예를 차지하고 있었습니다. 하지만 산업혁명 이래로는 한 건물이 "세계에서 가장 높은 건물"이라는 지위를 10년 이상 차지한 사례는 거의 없습니다. 1950년대 들어 프랭크 로이드 라이트는 높이가 1.6킬로미터인 초고층 건물을 구상했습니다. 2020년 여름 기준으로 세계에서 가장 높은 건물은 아랍에미리트에 위치한 부르즈 칼리파(2010년 완공)이며, 이 건물의 높이는 828미터입니다. 아직 프랭크 로이드 라이트의 목표치에는 절반밖에 도달하지 못했지만 지금도 몇몇 건물이 빠르게 올라가는 중입니다!

구름을 뚫고 나가는 초고층 건축은 건축 기술의 발전을 상징하지만 우리가 눈여겨볼 만한 경이로운 건축은 이것 말고도 더 있습니다. 초고층 건물 이외의 건물이 어떻게 사회적 문제를 해결하고 사회를 발전시키는지를 살펴보는 것은 의미 있는 일입니다.

예를 들어 국립흑인역사문화박물관(NMAAHC)은 아마도 새로 지어진 박물관 중에 가장 친환경적인 박물관일 것입니다. 워싱턴 D.C에 위치한 이 박물관은 주변 환경과 근처에 있는 중요한 건물들(링컨 기념관, 베트남참전용사 기념관, 워싱턴 기념탑, 백악관, 토머스 제퍼슨 기념관 등)과 잘 어우러집니다. 인근에 유명 건축물이 많은 국립흑인역사문화박물관은 수도 워싱턴 내에서 새로운 방식으로 설계되었으며 색다른 소재와 패턴을 사용한 것은 물론 박물관이 기념관이자 공동체를 위한 공간으로 거듭나게 하겠다는 생각으로 지어졌습니다.

2016년에 완공한 국립 흑인역사문화박물관은 협업의 모범 사례로 꼽힐만한 프로젝트로, 국내외에서 여러 상을 수상했습니다. 프리론 아자예, 본드/스미스 그룹 (Freelon Adjaye Bond/Smith Group)이 이끈 설계 팀은 새로운 종류의 박물관을 짓고자

국립흑인역사
문화박물관

큐레이터, 그리고 스미스소니언재단과 협업했습니다. 박물관 일부가 지면 아래 묻혀있어서, 관람객들은 박물관을 통과하며 빛에서 어둠으로 나아갑니다. 이 건물은 독특한 외관에 인상적인 그림자를 선보이면서도 지진에도 끄떡없는 견고함을 지니고 있습니다.

또한 국립흑인역사문화박물관은 지속가능한 건물의 표본이며, 친환경 건축 인증인 리드(LEED) 인증에서 골드 등급을 획득하기도 했습니다(리드 인증에 대해서는 이번 장 후반부에서 다루겠습니다). 리드와 같은 인증제의 가장 중요한 목표는 자연환경과 공동체의 건강 및 행복을 고려하는 건물을 짓는다는 원칙 아래 모두가 협업을 해나가도록 하는 것입니다.

국립흑인역사문화박물관은 이러한 설계 원칙 아래, 자연광을 풍부한 채광과 내셔널 몰(각종 기념관이 모여있는 장소_옮긴이)을 향한 조망용 광원으로 활용하고 있습니다. 한편 건물 내 인공조명은 태양광 발전으로 전력을 공급합니다. 국립흑인역사문화박물관은 공기 질을 개선하는 시스템을 갖추고 있으며, 빛 공해를 줄여 주변 환경이 더욱 건강한 곳이 되게끔 계획되었습니다. 또한 저유량 설비를 갖추고 중수(상수와 하수의 중간 개념으로 많이 오염되지 않은 물_옮긴이)를 정원용 용수로 활용해 물 사용량을 줄였습니다. 더불어 세심한 계획 및 관리 덕분에 건물의 절반을 지역 내 자재나 재활용 자재로 지을 수 있었고 건설 폐기물의 80퍼센트가량을 재활용할 수 있었습니다. 무엇보다 이 박물관은 입장료가 없어서 누구나 무료로 입장할 수 있습니다.

깊이 들여다보기

프로젝트의 유형이나 규모에 상관없이 건축가와 설계팀은 여러 단계를 거쳐서 설계안을 만들어냅니다. 건축가는 프로젝트 초기 단계에 프로젝트 관련 브리핑을 하고 건물의 용도를 검토합니다. 이 단계에서 건축가는 프로젝트의 주요 사안 및 특성을 눈여겨보고 핵심 목표를 파악하고자 지역 주민이나 프로젝트 관계자를 만납니다. 이후에는 프로젝트 진행을 위한 업무 영역을 정하고 참고할 만한 선례가 있는지 찾아 나섭니다. 건축가는 기후나 토질과 같은 자연 요소라든가 건물이 주변 여건에 어떻게 대응할지와 같은 문화적 요소처럼 프로젝트 진행에 걸림돌이 되거나 디딤돌이 될 만한 요소가 있는지 알아보기 위해서 대지 답사를 나가기도 합니다.

예를 들어, 지진이 발생할 우려가 있는 곳이라면 완충 역할을 위해 기초를 깊이 설치해야 하며, 유적지가 있는 곳이라면 고고학 유물이 매장되어 있을 가능성에 대비해 기초의 형태뿐 아니라 대지 전체에 대한 계획도 달리해야 합니다.

프로젝트를 진척시켜 나가는 네 단계

1. 초기 구상안, 스케치, 제안서를 총망라해 기획안을 작성하기 시작합니다. 프로젝트 팀원들(건축공학자, 조경가, 기술 고문, 지역 사회 인물)은 건축 법규를 검토하고 다른 설계안을 살펴봅니다.

2. 다양한 설계안을 검토하기 위해 도면과 모형을 작성하고 제작합니다.

3. 소요 공사비 계획을 구체화합니다.

4. 대지를 답사합니다. 팀원들은 측량, 토질의 상태를 파악하기 위한 샘플 채취, 식생이나 지형이나 인공 연못과 같은 특이 사항을 기록하는 등의 작업에 나섭니다. 이 단계에서는 건물의 지속가능성과 관련된 전체적인 계획을 수립하기도 합니다. 지속가능한 시공, 운영, 관리라는 목표는 반드시 프로젝트 초기에 수립해야 합니다.

이런 단계를 거치는 동안 프로젝트 담당자들은 업무 내용을 세심하게 문서화하며, 프로젝트의 진행 상황에 대해 건축주와 소통이 되도록 시청각 자료를 만듭니다. 건축가는 모든 투자자들이 공감대를 이루도록 그들과 자주 만나 대화를 나눕니다.

기획안이 정해지고 승인이 나면, 설계안을 발전시키는 단계로 나아갑니다. 이 단계에서는 기획안을 수정하고 상세 도면과 모형을 2차원과 3차원으로 작성하고 제작합니다. 더불어 소요 공사비를 다시 계산하고, 프로젝트 신고 및 승인에 필요한 서류나 도면을 마련해둡니다. 건축가는 건축 허가, 사용 승인에 필요한 서류를 모두 갖춰 놓아야 합니다.

설계안을 최종 검토하고 자재와 붙박이장, 가구까지 골라놓은 다음, 실시 설계 도서 (실제 시공에 필요한 세부 도면 및 관계 서류_옮긴이)와 상세 도면을 준비합니다. 건축가는 각종 현장 작업을 관리감독해줄 시공사와 협업을 해나갑니다. 또한 공사 진행 상황이라든가 설계안, 악천후, 예기치 못한 구조적 문제와 같은 사항이 자세히 적힌 현장 보고서를 검토하기도 합니다. 현장 방문 시에는 공사 과정을 감독, 검토하거나 필요에 따라 점검과 인증 작업을 진행하기도 하는데, 이런 작업은 녹색 인증을 목표로 하는 건물에서는 매우 중요합니다.

건축가의 업무는 시공과 함께 종료되지만, 건물을 사용하기 시작하는 초기에 건축가가 사진 및 영상 촬영과 같은 자료 제작에 참여할 때도 많습니다. 또 거주자가 입주한 뒤에 건물이 계획대로 기능하고 있는지를 살펴보는 사후평가 작업까지 마무리 짓고 나서 프로젝트를 종료하는 경우도 있습니다. 사후평가 작업은 친환경이라는 야심 찬 목표를 내세운 프로젝트일수록 더욱 중요합니다.

무엇보다 건축가는 건물과 관련된 모든 이들의 건강, 안전, 행복을 늘 염두에 둬야 합니다. 건축가는 아름답고 실용적인 공간을 만들어낼 수 있지만, 무엇보다 거주자의 행복을 가장 중요하게 생각해야 합니다. 또 건물이 공동체의 당면 요구에 부응하고 주변 환경에 유익한 영향을 미치도록 신경 써야 합니다.

건축가가 하는 일

고대 건축가 비트루비우스가 말했듯이, 건축가는 많은 분야를 아우르는 직업입니다. 건축가는 건물만 설계하는 것이 아니라 그림과 조각, 활자체, 도시 계획, 수송 인프라, 시스템 사고(분석 대상의 전체 모습을 체계적으로 파악하는 방법_옮긴이)를 통합하는 과정도 만들어낼 수 있습니다.

신기술의 개발과 연구

건축의 역사가 시작된 이래로 건축가들은 건축 환경을 기술 개선을 위한 시험장으로 활용해왔습니다. 이러한 경향은 스톤헨지에서 사용한 것과 같은 기둥—보 방식이나 고층 건물을 떠받치는 아치와 버트레스, 우뚝 솟은 기둥 같은 단순한 기계와 기계식

라이다 스캐너로
건물과 대지를
촬영하는 모습

장치, 컴퓨터 제어에 기반을 두는 복잡한 시스템에서도 나타납니다.

　예를 들어, 런던에 위치한 디엘에이 스캔 스튜디오(DLA Scan Studio)는 건물을 조사 분석하고 구조물과 지형을 정확하게 측정 기록하는 촬영 기술과 3D 레이저 스캐닝 기술 활용에 앞장서고 있습니다. 이 같은 기술을 통해 건축가는 급변하는 세상 속에서 중요한 문화 유적을 보존하는 일, 자연재해나 인공재해로 인한 피해를 완화하는 일, 도시 내 유휴지나 미개발지를 개선하는 도시 재생 프로젝트를 추진하는 일과 같은 도전 과제에 대응해나갈 수 있습니다.

재난 대처와 피해 복구

건축가는 돌풍, 지진, 태풍과 같은 재해가 발생했을 때 피해 규모 파악과 피해 복구를 위해 현장으로 가장 먼저 달려 나가기도 합니다. 건축가는 미국건축가협회에서 실시하는 특별 교육 과정을 거치면 다른 기관의 협조 요청이나 피해 규모를 사전에 줄이기 위한 작업에 자원봉사자로 나설 수 있습니다. '국경없는건축가'와 같은 비정부 기구는 긴급 주거 시설, 주민 지원 시설, 이동 진료소를 설계하고 시공합니다.

건축가는 인간이 스스로 초래하는 재난이나 사고를 줄이는 방법도 고민합니다. 예컨대, 미국 내 법원 청사나 정부 기관은 건물의 주요 구조부를 폭발 혹은 파괴하려는 시도를 차단하는 안전 영역을 포함해 설계됩니다. 안전을 위한 이 같은

반 시게루의
종이 성당

조치는 중요하기는 하지만, 도시가 중세 시대마냥 방어 시설로 즐비해지는 것은 누구도 원치 않습니다. 그렇기에 건축가는 건물을 현대판 성채처럼 설계할 것이 아니라, 방어 시설을 최소화해 전체 계획의 일부처럼 보이게 해야 합니다.

인류의 건강에 기여하는 건축

코로나19 바이러스 확산에 따른 병실 부족 문제에 대응하고자 건축가들은 공동 작업을 통해 공공시설이나 컨벤션센터를 임시 병동으로 전환하는 작업에 도움을 주고 있습니다. 더불어 사회적 거리두기 지침을 만족시키기 위해서 학교, 대학교, 사무실 건물의 공간 계획을 새로이 고안하기도 합니다.

예전에 개발되었던 땅, 그중에서도 특히 산업용으로 쓰이던 땅은 위험 물질, 화학 물질 등에 오염된 경우가 많습니다. 미국 내 브라운필드(Brownfield, 오염된 산업용지)는 50만여 곳에 달합니다. 이들 용지는 주민들의 건강에 심각한 피해가 가지 않도록, 재개발에 들어가기 전에 실태 조사와 정화 작업을 세심하게 거쳐야 합니다. 우리는 이렇게 버려지거나 오염된 용지를 재개발함으로써 한때 활기차게 중요한 역할을 하던 곳들, 특히 부둣가나 교통 요지에 위치해 도심지 역할을 하던 지역에 새로운 생명을 불어넣을 수 있습니다. 버려진 산업용지를 활용하는 작업은 미개발지나 야생 동물 서식지를 보존하는 길이기도 합니다. 디아이알티 스튜디오(D.I.R.T Studio)와 힐웍스(HILLWORKS)의 건축가와 조경가 들은 버려진 산업용지 재개발, 도시 재생 산업, 그리고 유해 물질 처리와 관련된 작업을 광범위하게 진행하고 있습니다.

해수면 상승과의 싸움

건축가는 터널, 교량, 댐, 해안 방벽과 같은 획기적인 대형 프로젝트에 참여하기도 합니다. 전 세계 해안 도시와 해안 지대가 기후변화로 인한 위험에 맞닥뜨리자, 건축가들은 건물과 환경 보존을 위해 새로운 방안을 제시하고 있습니다. 예컨대 베네치아에서는 해수면 상승에 맞서고자 모세 프로젝트를 진행했습니다. 모세 프로젝트는 움직이는 방벽을 통해 아드리아해의 조수 상승으로부터 베네치아 석호를

지켜줍니다. 우리는 이 같은 프로젝트를 통해 전 세계 해안 도시를 연결하고
보존해나갈 수 있습니다.

지속가능한 방식의 가설 건물

뉴욕의 건축사무소 더리빙(The Living)은 뉴욕현대미술관에 가설 건물과 콘서트장을
설치하는 '하이파이(Hy-Fi)'라는 이름의 프로젝트를 진행하면서 유기물과 독특한
건축 재료를 사용했습니다. 이 프로젝트는 멀리서 보면 둥그렇게 쌓아 올린 벽돌
탑처럼 보이지만, 사실 가까이서 보면 생분해성 재료로 지어졌다는 걸 알 수
있습니다. 가설 건물과 전시용 건물은 1800년대 때부터 활용되어왔지만 이 같은 가설
건물은 재정적으로나 환경적으로나 비용이 많이 들 수 있습니다. 더리빙이 선보인
하이파이는 건축 자재가 안전하고 지속가능한 방식으로 지구로 돌아갈 수 있다는
점을 보여줍니다.

지속가능한 관광

이 책은 전 세계 여러 지역을 다루고 있습니다. 건축가라면 여행을 통해 건축과
자연에 대한 지식을 깊이 쌓아둬야 합니다. 하지만 관광 산업이 자연에 어떠한 영향을
미치는지, 그리고 우리가 찾아낸 장소를 더 좋은 곳으로 만드는 방법은 무엇인지에
대해 고민하는 자세 역시 중요합니다. 이탈리아 베네치아 같은 곳은 관광객이
몰려들며 지역 경제가 활성화되기는 했지만 도시 곳곳과 대표 문화 유적지가
심각하게 훼손되었습니다. 그래서 식당과 호텔 내 수돗물 사용이나 쓰레기 처리와
같은 도시 기반 시설에 대해 세금을 매기고 있습니다. 일부 건축가들은 지속가능한
관광을 꾀하는 동시에 관광이 미치는 영향을 관광객들이 더 자세히 깨달을 수 있도록
생태관광에 바탕을 둔 건물을 설계하고 있습니다. 건물은 환경 보존 활동의 핵심이
되어줄 수 있습니다. 노르웨이에서는 여러 건축가들이 경치가 좋은 산과 계곡,
피오르를 따라 관광도로 열여덟 곳을 조성하는 사업에 참여했습니다. 이에 따라
전망대를 비롯해 관광업에 필요한 식당, 호텔, 휴게소와 같은 시설이 조성되었습니다.

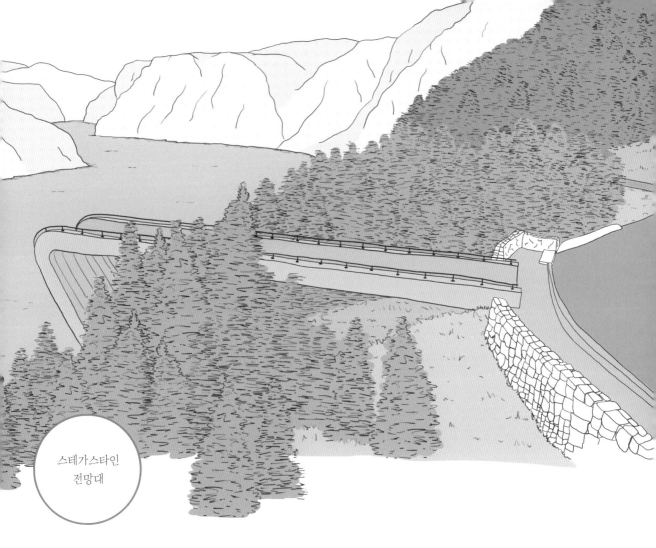

스테가스타인
전망대

관광도로에 들어선 건물은 대체로 규모는 작지만 해당 지역에서 생산되는 재료를
사용하고, 관광객의 시선이 장엄한 경관에 집중되도록 지면과 가볍게 맞닿아있어서
큰 효과를 자아냅니다.

일상 용품 디자인

건축가들은 대량 생산품을 구상, 개발, 제작하는 산업디자인 분야에서 일하기도 합니다. 예를 들어 자하 하디드는 혁신적인 신발을 디자인했고, 토마스 헤더윅 (Thomas Heatherwick)의 건축사무소는 런던에서 운행하는 친환경 버스를 고안했으며, 마이클 그레이브스(Michael Graves)는 유통업체 타깃(Target)과 손을 잡고 각종 가정용품을 제작했습니다. 또한 많은 건축가들이 가구 디자인, 그중에서도 특히 의자 디자인으로 유명합니다. 비트라디자인박물관(Vitra Design Museum)에 가면 건축가가 디자인한 의자들을 만나볼 수 있습니다.

상상을 현실로

기술이 발달한 현시대에도 도면과 모형 작업은 건물을 짓는 과정에서 꼭 필요합니다. 도면과 모형은 다른 사람들이 이해하고 살펴보도록 설계안을 2차원 혹은 3차원의 형태로 제시하는 시각화 작업입니다. 이처럼 상상을 현실로 바꿔나가는 능력이 있기에 건축가는 극장, 영화 촬영장, 비디오 게임 환경을 망라하는 다양한 건축 작업을 해나갈 수 있습니다. 건축가는 가상의 환경을 구상하는 능력이 그 누구보다 뛰어납니다.

건축계 내의 진로

건축가가 해내는 온갖 일을 고려할 때, 건축계 안에 다양한 전문 분야가 존재한다는 건 놀라운 일이 아닙니다. 건축가의 전문 분야에는 건축 계획(공간 사용법), 재료 및 재료 제작 체계, 구조공학이 있습니다. 건축가 중에는 특정 지역이나 기후, 양식을 대상으로 집중적으로 작업을 해나가는 부류도 있습니다. 하지만 건축가라면 자신의 분야에 상관없이 호기심을 가지고 프로젝트에 참여하고, 또 끊임없이 배우면서 디자인의 한계를 실험해봐야 합니다. 더불어 건축사무소가 사업 영역(건물의 종류)과 규모(직원 숫자)에 따라 천차만별이라는 사실도 유념해야 합니다. 일부 건축사무소는 다양한 건축가, 건축공학자, 인테리어 디자이너를 비롯해 그래픽 디자이너, 웹디자이너, 마케팅 및 홍보 전문가, 사무 관리자, 변호사, 회계사와 같은 인력도 채용해 하나의 전문가 집단처럼 운영됩니다. 그보다 규모가 작은 건축사무소는 대체로 건축 전공자를 고용하고는 외부 전문가나 협력업체의 도움을 받습니다.

주거 시설을 설계하는 건축가

주거 시설을 설계하는 건축가는 건강한 주거 환경에 기여하는 편안하고 안락한 주택을 설계하기 위해 고민합니다. 주거 건축이 무척 중요한 이유 중 하나는, 인간은 주택을 비롯한 실내에서 먹고 자고 쉬고 공부하고 일하면서 하루의 90퍼센트 이상을 보내기 때문입니다. 집 안에서 일어나는 활동은 사무실, 학교, 병원에서 일어나는 활동과 전혀 다릅니다. 주거 시설 건축가는 우리가 거주하는 가장 개인적인 공간을 설계하고 재단장하는 특별한 자격을 갖춘 사람입니다. 건축가가 직접 설계한 주택 중에는 주거 건축의 혁신으로 꼽히는 사례들이 몇몇 있습니다. 토머스 제퍼슨, 존 손, 알바 알토와 아이노 알토 부부, 찰스 임스와 레이 임스 부부, 리처드 로저스, 제니퍼 보너의 자택이 바로 그런 사례들입니다.

우리는 '주택'을 어떤 공간으로 정의하고 있을까요. 주택이라는 단어는 상당히 너른 의미로 쓰이고 있고 그 정의는 사람마다 다르며, 주거 전문 건축가는 다양한 규모의 주택을 설계합니다. 이때 건축가가 담당하는 프로젝트는 단독 세대를 위한

제니퍼 보너가
설계한 박공지붕
집(Haus Gables),
애틀랜타

단독주택뿐만 아니라 여러 세대를 위한 듀플렉스하우스, 타운하우스, 아파트가 될 수도 있습니다. 때로 건축가는 기숙사, 콘도미니엄, 요양시설, 재활시설과 같은 대규모 공공주택을 설계하기도 합니다.

주거 시설을 설계하는 건축가는 주거 생활과 디자인 동향뿐만 아니라 주택의 접근성이나 노령 거주자의 생활 편의성을 고려해 새롭고 혁신적인 주택을 선보입니다. 더불어 건축가는 주택의 에너지 효율과 비용 효율을 위해 에너지 소비도를 평가해 연간 탄소발자국(Carbon Footprint, 온실가스 배출량을 이산화탄소로 환산한 것_옮긴이)을 낮춤으로써 거주자와 우리 지구 모두에게 더욱 바람직한 환경을 조성할 수 있습니다.

상업 시설을 설계하는 건축가

건축가에게 상업 시설 설계를 의뢰하는 건축주는 개별 프로젝트의 발주자이거나 건물의 사용자이거나 대기업일 수도 있습니다. 주거 건축은 대개 건축주가 주택 소유자나 거주자이지만 상업 건축은 고객에게 서비스를 제공하는 회사가 건축주인 경우가 있습니다. 상업 시설을 설계하는 건축가는 상점, 식당, 호텔, 여가 시설, 사무 공간, 운동 시설을 비롯한 여러 업종의 건물을 설계합니다.

상업 시설을 설계하는 건축가는 상점의 주목도를 높이거나 회사의 정체성 및 문화를 드러내기 위해 건물에 특정한 방식의 미학이 배어나도록 해서 눈길을 사로잡는 건물을 설계합니다. 예컨대 영국의 건축사무소 포스터앤드파트너스 (Foster+Partners)는 애플과 손을 잡고 전 세계에 있는 애플의 일반 매장과 플래그십스토어를 설계했습니다. 두 회사가 가장 최근에 힘을 모아 설치한 매장은 시카고에 있는 매장이며, 이 매장은 미끈한 유리벽과 아주 얇은 탄소 섬유 지붕으로 이뤄진 정육면체 형태입니다. 매장 건물은 애플의 제품과 닮은꼴로, 재료를 혁신적인 방법으로 사용하고 있으며 애플의 기기처럼 깔끔한 선에 곡선형 모서리가 돋보입니다.

의류 매장의 경우, 건축가는 브랜딩(회사의 핵심 가치와 특성, 목표)과 고객의 매장

포스터앤드
파트너즈가 설계한
시카고 애플 스토어

체험에 세심하게 주의를 기울여야 합니다. 건축가가 상점 안에 조성하는 공간에는
브랜드의 미학과 이상이 종합적으로 반영됩니다. 건축가는 고객이 드나들면서
건물의 내부 마감재가 어떤 식으로 마모될지, 그리고 시간이 흘러 계절이나 유행이
변할 때 특정 인테리어나 상점의 전면부를 어떤 식으로 손볼지 고민합니다.

　또 건축가는 고객이 매장으로 들어와서 제품을 둘러보고 물건을 구매하는 일련의
동선을 계획합니다. 전 세계에 널리 알려져있는 상점가는 앞서나가는 최신식 상업
시설을 접하기에 가장 좋은 곳입니다. 이렇게 선구적인 건물을 둘러보고 싶다면 뉴욕

5번가라든가 도쿄의 오모테산도나 긴자 지역과 같이 이름난 곳을 찾아가보면 됩니다. 또한 상업 시설을 설계하는 건축가는 이미 확고하게 자리매김한 브랜드 이미지를 디자인과 재료를 통해 어떻게 변화시킬 수 있을지도 고민합니다. 예를 들어, 로스 바니 건축사무소(Ross Barney Architects)는 시카고에 맥도널드의 플래그십스토어를 지으면서 대형 목재를 겉으로 드러냈는데, 이것은 지속가능한 건축물에서 점점 더 많이 나타나는 모습으로 탄소발자국을 줄이기 위해서 공학 목재와 독특한 벽체 구조를 사용한 사례입니다.

산업 시설을 설계하는 건축가

사람들은 흔히 건축가가 주택, 사무실, 상점, 종교시설처럼 사람들이 정기적으로 교류하는 시설이나 학교, 박물관, 도서관과 같은 교육 시설을 설계한다고 생각합니다. 하지만 이 세상을 움직이는 생산 및 유통 시설도 건축가의 책임입니다. 산업 시설을 설계하는 건축가는 일반인에게 공개되지는 않지만 일상생활에 꼭 필요한 대형 프로젝트에 착수해 공장, 발전소, 정유 시설, 물류 창고를 설계합니다. 산업 시설물은 고에너지 시설이나 세심하게 다뤄야 하는 제품, 현장 여건상 화학 물질이나 고온 고압을 사용하는 시설과 관련되어 있을 때가 많기 때문에 설계가 까다롭습니다.

1700년대 이래로 건축가들은 생산 효율뿐만 아니라 노동자의 생활 여건도 향상시키는 공장을 설계해왔습니다. 클로드 니콜라 르두(Claude Nicholas Le-doux)는 프랑스 아르케스낭에 들어선 왕립제염소를 설계했으며, 현재 이 시설은 유네스코 세계 문화유산에 등재되어 있습니다. 이곳은 제염소인 동시에 노동자와 노동자의 가족이 살아가던 이상적인 계획도시이기도 했습니다. 건축가이자 건축공학자였던 앨버트 칸(Albert Kahn)은 자동차 제작자이던 헨리 포드와 손을 잡고 세계 최초의 생산 라인이 들어선 건물을 설계했으며, 이는 미국 산업혁명의 상징이 되었습니다.

산업 시설을 설계하는 요즘 건축가들은 화력발전소에서 벗어나 재생 에너지 (수력이나 바이오매스 발전 등으로 생산하는 에너지) 발전 시설을 설계하는 환경적, 사회적 도전 과제에 대응해나가고 있습니다. 예컨대 아이슬란드의 건축가들은

건축사무소 비아이지(BIG)가 설계한 코펜힐, 덴마크 코펜하겐

자국민의 식량을 생산하는 비닐하우스에 지열에너지 시설을 설치하고 있습니다. 또 건축가들은 덴마크 코펜하겐 외곽에 쓰레기로 에너지를 생산하는 동시에 스키장 역할까지 하는 코펜힐(CopenHill)을 짓기도 했습니다.

21세기인 오늘날에는 컴퓨터를 공장 겸 발전소로 볼 수 있습니다. 그렇기에 건축가들은 온라인 시스템과 클라우드 서비스가 매끄럽게 운영되도록 막대한 컴퓨터 시설을 냉각시켜주는 데이터 센터를 설계합니다.

문화재를 보존하는 건축가들

건축가 중에는 문화 유적을 전문 분야로 삼고 시대와 장소, 그리고 인간의 상호 작용 방식 이해에 도움을 주는 건축물을 연구하는 부류도 있습니다. 이들 중에는 18세기에 지은 야외 변소나 주택 같은 소형 건축물의 보존에 집중하는 사람이 있는가 하면, 교량, 공장, 마을 전체와 같이 큰 규모의 건축물을 보존하는 사람도 있습니다.

문화재 보존 분야에서 일하는 건축가들은 과거의 유산을 보호하는 방법뿐만 아니라 문화 유적과 유적지가 해당 지역의 발전에 크게 기여하는 방안에도 관심을 가집니다. 이들 건축가의 업무를 이해하려면 보존, 복원, 재건, 재생의 의미를 살펴볼 필요가 있습니다. 이 네 가지 접근법은 문화재를 다루는 주요 원칙으로, 문화재를 대하는 방법론이 저마다 다릅니다.

보존

보존(일부 국가에서는 보호의 의미로 사용됨)은 문화재에 손을 가장 적게 대는 방법입니다. 건축가는 문화 유적과 건축 재료를 예전 그대로 보존하는 데 초점을 맞춥니다. 건물을 안정화시키기 위해서 구조 작업이 약간 필요할 때도 있기는 하지만, 뭔가 새로운 형태를 덧댄다거나 전체 형태를 변화시키는 작업은 허용하지 않습니다. 담당 건축가는 건물의 접근성과 기능성을 위해서 배관, 전선, 기계 설비와 같은 일부 시설을 더하기도 합니다. 또한 법적 거주 여건과 해당 지역의 건축 조례에 맞게 건물을 보수해야 할 때도 있습니다.

리처드슨
올름스테드 캠퍼스
복원 작업,
뉴욕 버펄로

복원

복원은 보존보다 한발 더 나아가는 개념으로, 건축가는 해당 건물을 특정 시기나 중요한 의미가 있는 시대로 되돌려놓는 작업을 합니다. 이 작업은 건물의 예전 모습을 스냅 사진으로 찍는 것과 비슷합니다. 이때 건축가는 특정한 양식이나 형태와 비슷해지도록 후대에 덧붙인 특정 요소를 떼어내고 새로운 요소를 덧붙이기도 합니다.

재건

재건은 살아남지 못한 유적을 다시 재현하기 위해 상당한 규모의 건물을 새로 짓는 과정을 말합니다. 재건 작업의 바탕이 되는 것은 건물의 일부분이나 고고학적 유적 혹은, 유적과 관련된 사진이나 문서입니다. 재건되는 건물은 원래 있던 장소 또는 다른 장소에 짓습니다(심지어 박물관 안에 지을 때도 있습니다). 재건을 담당하는 건축가는 과거의 건축술을 사용할지 아니면 3D 프린터로 건축 부재를 복제하는 신기술을 사용할지 선택합니다.

재생

재생이란 기존 건물을 다른 용도로 재사용하는 방법으로, 역사적 건물이나 유적지를 새로운 용도로 사용하면서 해당 대지에 새로운 생명과 경제적 번영을 가져다주는 행위입니다. 이 과정에서 일부 대대적인 변화가 생기기도 하지만 그 대지가 갖는 역사성의 주요한 면면은 그대로 유지됩니다.

건축회사 겐슬러
(Gensler)가 작업한
거스토(Gusto)사의
사옥

인테리어 전문 건축가

인테리어 전문 건축가는 인테리어 디자이너와 혼동될 때가 있지만 인테리어 디자이너와 달리 공인 인테리어 전문가(NCIDQ)나 건축사 자격시험(ARE)과 같은 자격증을 취득해야 합니다. 인테리어 전문 건축가는 인테리어 디자이너와 다른 학위, 인턴십, 자격시험을 거치기 때문에 건물의 구조뿐만 아니라 기계, 전기, 설비를 다룰 수 있습니다. 인테리어 디자이너가 건물의 마감 면이나 재질감 등에 집중을 한다면, 인테리어 전문 건축가는 공간의 에너지 효율과 실내 공기 질 같은 영역에 대해서도 고민합니다. 두 전문가 집단 모두 주거 시설, 상업 시설, 사무 공간 그리고 호텔이나 식당과 같은 응접 시설과 같은 분야에서 일합니다.

프로젝트의 범위와 과정의 차원에서 보자면 인테리어 전문 건축가와 인테리어 디자이너 사이에는 일부 공통점이 있습니다. 예를 들어, 두 전문가 모두 마루, 가구, 직물과 같은 여러 마감재를 고릅니다. 그들은 문이나 가구의 손잡이 같은 철물뿐만 아니라 조명을 벽이나 천장에 고정할지 아니면 이동이 가능한 제품으로 쓸지와 같은 문제도 고민합니다.

에스오엠(SOM)이나 퍼킨스앤드윌(Perkins+Will) 같은 여러 건축사무소에는 실력이 출중한 인테리어 부서가 있습니다. 이와 같은 인테리어 부서는 인테리어의 미적인 면이나 공간 배치를 주로 다룹니다. 인테리어 전문 건축가는 신축 현장에서 일하게 되겠지만, 새로 바뀐 사무실 주인에 맞춰 사무 환경이나 기계 설비를 바꾸는 것과 같이 기존의 내부 공간을 재단장하는 일을 할 때도 많습니다. 인테리어 전문 건축가는 박물관을 도와 새로 들어온 전시품을 배치하거나 독특한 전시 디자인 작업을 진행하기도 합니다.

앤드루 데일리(Andrew Daley)

미국건축가협회 회원
공인 건축가, 뉴욕에 위치한 건축사무소 숍아키텍츠(Shop Architects)의 선임 건축가,
전직 대학교 강사(터브먼대학교 건축학과, 미시간대학교 도시계획학과)

어떤 일을 담당하고 계신가요?

저는 미국 국무부 해외건축운영국이 관할하는 전 세계의 재외공관 관련 업무를 담당하고
있고, 최근에는 온두라스와 태국에 대사관을 지었습니다. 저희는 재외공관들이 까다로운
보안 요건을 만족시키면서도 해당 지역에서 흔히 사용되는 재료나 그 지역의 기후와 같은
조건에 맞게 각기 다른 모습을 선보이려 합니다.

평소 일과는 어떻게 흘러가나요?

저는 일을 미리미리 해놓기 위해서 대개 일찍 출근합니다. 그리고 회의 참석, 전화 통화,
도면이나 시방서(도면으로 나타낼 수 없는 사항을 정리해둔 문서_옮긴이) 검토, 공사 현황
점검, 부서 간 조율을 하면서 하루를 보냅니다.

왜 건축가가 되고 싶으셨나요?

말문이 트일 무렵부터 저는 건물을 짓고 싶다는 말을 했다고 합니다. 제 가족이나 학교 동문
중에는 건축가가 없었고, 또 진로 상담 선생님도 저를 어떻게 이끌어줘야 할지 모르셨기
때문에, 저는 스스로 제가 갈 길을 찾아나가야 했습니다. 저는 늘 사물의 작동 원리라든가
건물이 지어지는 과정에 호기심을 느꼈습니다. 그건 마치 아주 거대한 퍼즐 같았습니다.

어떤 학교에 다니셨나요?

버지니아대학교에서 건축공학으로 학사 학위를 받은 뒤에 라이스대학교에서 건축학으로
석사 학위를 받았습니다. 석사 학위를 받기 전에는 2년 동안 설계와 시공 업무를 경험해보는
시간을 갖기도 했습니다. 대학교 1, 2학년 때는 학업에 그다지 집중하지 않아서 남들보다

조금 뒤처지기도 했습니다. 하지만 대학원에 진학해서는 열심히 공부하며 내가 어떤 길을 가고 싶은지를 알게 되었습니다.

건축가로 살아가면서 가장 어려운 일은 무엇이었나요?

작년에 따져보니 제 시간의 10퍼센트가 길 위에서 낭비되고 있었습니다. 저는 회의에 참석하기 위해서 한 달에 몇 번씩 워싱턴 D.C.에 가고, 또 적어도 3개월에 한 번은 또 다른 회의나 현장 답사를 위해서 해외 출장에 나섭니다. 시간대가 달라지는 이런 출장은 긴 시간 동안 힘든 일정을 소화해야 할 때가 있습니다. 더불어 일을 하면서 긍정적인 자세를 갖는 게 아주 중요하다고 보는데, 차세대 건축가들은 그런 분위기 속에서 교육을 받기 때문에 그런 점에서 어려움을 겪지는 않을 겁니다. 저는 제 팀원들의 사기를 진작시키고 그들이 최선을 다해서 일하도록 도와주고 싶기 때문에, 좋은 상사가 되고자 애쓰며 의사결정을 할 때는 뒤로 물러나 있습니다. 어떤 프로젝트에 수많은 시간과 노력을 쏟아부었다고 해도 설계나 예산의 변경, 설계에 대한 다른 관점을 기분 나쁘게 받아들여서는 안 됩니다. 건축가라면 열린 자세로 객관적인 자세를 취하려 애써야 하는데, 그건 그렇게 쉬운 일이 아닙니다.

건축가가 되어서 가장 좋은 점은 무엇이고, 가장 뿌듯한 점은 무엇인가요?

저는 완공을 기념할 때가 참 즐겁습니다. 제가 프로젝트 책임자로서 담당하는 주요 역할 중 하나는 프로젝트에 참여하는 모두가 원활하게 소통하게끔 하는 것입니다. 건물 하나를 완공하기 위해서는 정말로 많은 사람들이 힘을 합쳐야 하며, 제가 최근에 맡았던 프로젝트들은 그런 경향이 더 강했습니다. 모두가 기울이는 노력이 하나로 어우러지는 모습을 보고 있으면 참으로 뿌듯합니다.

건축가가 되고 싶은 이들에게 해주고 싶은 조언이 있나요?

학생들에게 폭넓게 배우고 다양한 능력을 길러두라고 말해주고 싶습니다. 제가 아는 최고의 건축가들은 다양한 분야에서 건축계로 넘어온 분들이고, 그래서 자기만의 독특한 관점이 있습니다. 건축이라는 한 분야만 파고드는 학생들이라면, 컴퓨터 공학이나 가상현실, 파라메트릭 계산 같은 것을 접해보라고 권해주고 싶습니다. 이런 기술은 모두 시각화 작업이나 건축 환경과 관련되어 있습니다.

파스칼 사블란(Pascale Sablan)

미국건축가협회 회원
소수 인종 건축가 협회(National Organization of Minority Architects) 회원,
친환경 인증 전문가, 공인 건축가, 아자예 건축사무소 소속 건축가,
건축 환경 너머(Beyond the built environment)의 설립자이자 대표,
미국에서 활동 중인 315번째 흑인 여성 건축가

평소 하루 일과는 어떻게 보내시나요?

주중에는 여러 가지 역할을 담당합니다. 아침 9시부터 저녁 6시까지는 에스나인(S9) 건축사무소에서 미국과 해외에서 진행 중인 건축 프로젝트의 이모저모를 챙깁니다. 저녁 6시부터 9시까지는 건축을 통한 사회 공헌 활동을 위해 인터뷰나 프레젠테이션을 합니다. 다양한 블로그나 출간물에 기고 활동을 하기도 하고 팟캐스트 활동, 지역 사회 활동도 합니다. 제가 설립한 단체인 '건축 환경 너머'에서는 다양한 이해관계자들과 협력해 그들의 목소리를 알리고 평등한 환경을 조성하기 위한 방법을 모색합니다.

왜 건축가가 되고 싶으셨나요?

중학생 시절에 한 지역 사회 시설에서 벽화를 그리는 일을 한 적이 있었습니다. 그때 정글짐을 그리고 있는데 한 신사분이 멈춰서시더니 이렇게 말씀하셨어요. "얘야, 넌 자를 대지 않고도 선을 곧게 긋는구나. 그건 건축가한테 아주 유용한 기술이지!" 저는 그 일이 있기 전까지 건축가가 된다는 생각을 한 번도 한 적이 없었습니다. 그때 낯선 신사분이 무심코 던진 말이 건축이라는 직업에 호기심을 가지게 된 계기가 되었습니다.

어떤 학교에 다니셨나요?

프랫 인스티튜드(Pratt Institute)에서 건축학 학사를 받았어요. 졸업 몇 주 뒤에는 컬럼비아대학교에서 첨단 건축 설계로 공학 석사 과정을 시작했습니다. 제가 이수한 학위는 모두 건축 분야입니다. 건축가의 길을 걷고 싶었기 때문입니다. 제 목표는 설계 과정 속에

공동체와 프로젝트 참여자들의 다양한 목소리를 담아낸, 뜻깊으면서도 사회적 책임을
다하는 건물을 짓는 것입니다.

건축가로 살아가면서 가장 어려운 일은 무엇이었나요?

건축가는 다양한 장소, 사람, 기술, 쟁점에 대해 끊임없이 배우고 적응해나가야 합니다. 저희
엄마의 직업인 회계사와는 엄연히 다릅니다. 저희 엄마라면 매주 화요일이 어떻게 흘러갈지
잘 알고 있을 겁니다! 그리고 건축계에는 여성과 소수 인종에 대한 장벽 같은 게 있습니다.
실무를 해나갈 때만 그런 게 아니라 우리가 살아가는 도시와 공동체에서도 누구를 위한
건물인지, 어디에 짓는 건물인지에 따라 불평등한 차이가 나타납니다. 우리는 건축계 내에서
이런 장벽을 허물고 이 세상의 모든 다양성을 반영해야 합니다.

건축가가 되어서 가장 좋은 점은 무엇이고, 가장 뿌듯한 점은 무엇인가요?

음, 여러 면에서 봤을 때 앞서 받았던 질문과 똑같이 대답해야 할 듯합니다. 건축가는
끊임없이 배워야 한다는 점입니다.

건축가가 되고 싶은 이들에게 해주고 싶은 조언이 있나요?

세상에는 자신의 관심사를 확장시켜갈 수 있는 좋은 프로그램이 아주 많으니, 가능한
빨리 그런 것들을 경험해보는 게 좋습니다. 예를 들어, 소수 인종 건축가 협회의 프로젝트
파이프라인 프로그램, 에이스 멘토링 프로그램, 미국건축가협회의 K-12 프로그램 같은
게 있습니다. 또 지역 내 건축계 종사자들을 만나보는 것도 좋습니다. 건축가나 시공사와
안면을 트고 그들의 작품으로 탐구 영역을 넓혀보세요. 멘토와 시공 현장을 방문하고
건축 실무 견학에 참여해보기도 하고요. 학교는 디자인을 배우는 곳이지만 건축가는 서로
협력해서 현장이 체계적으로 운영되도록 이끄는 사람입니다.

지속가능한 건축

지속가능한 건물에는 몇 가지 특징이 있습니다. 지속가능한 건물은 온실가스 감축 및 제거, 에너지 사용 감축, 중수 활용을 통한 상수 사용 감축, 폐기물 감축, 자연 환경 및 중요 문화 유적 보호, 건물 안팎에 있는 모든 생명체를 위한 건강한 환경 조성을 목표로 삼습니다. 지속가능성은 그저 친환경성 항목에 맞추기 위해 건물에 태양광 패널이나 풍력 발전기를 설치하는 수준의 개념이 아닙니다. 진정한 친환경 디자인은 에너지 소비 이외의 온갖 쟁점까지도 헤아리는 포괄적인 접근법입니다. 예컨대 건물은 자연 자본을 어떤 식으로 사용해야 할까요? 천연자원은 무한하지 않으며, 제아무리 에너지 소비 측면에서 훌륭한 건물을 짓는다고 해도 구조재나 마감재로 재활용이 불가능한 재료를 사용한다거나 교란되기 쉬운 생태계에 건물을 짓는다면, 그런 건물은 친환경 건물이라고 보기 어렵습니다. 또 건축가는 제대로 된 친환경 디자인뿐만 아니라 건물에 들어가는 인적 자본의 활용에 대해서도 고민해야 합니다. 다시 말해서 건물에 들어가는 노동력이 안전하고 온당한 방식으로 활용되는지, 건축 재료와 시공 방식이 우리 건강에 유익한지, 건물의 유지관리 때문에 건축주나 거주자가 불필요한 물리적, 재정적 압력을 받는 건 아닌지 따져봐야 하는 것입니다. 이처럼 따져봐야 하는 변수가 무척 많기 때문에, 친환경 건물을 짓는다는 것은 결코 쉬운 일이 아닙니다. 하지만 건축가라면 마땅히 건축 환경 내에서 지속가능한 미래를 완전하게 구현해내고자 애써야 합니다.

이제 건축계에서 친환경 건물은 더 이상 선택 사항이나 권장 사항이 아닙니다. 이제는 지속가능성이라는 개념과 원칙이 건축 교육과 미국건축학인증원(NAAB)의 엄격한 기준에 일부 포함되었기에, 건축대학에서는 건축 학위 이수를 위한 교과과정에서 이와 관련된 내용을 가르쳐야 합니다. 또 지속가능한 디자인이라는 개념은 건축사 자격시험(ARE)이나 리드 인증과 같이 건축가들이 친환경 전문가 자격을 갖추기 위해 취득하는 다양한 인증제도 속에 포함되어 있기도 합니다. 미국건축학인증원, 건축사 자격시험, 리드 인증, 그리고 건축가가 되는 과정에 대해서는 뒤에 가서 더 자세히 살펴보도록 하겠습니다.

지속가능한 건축을 위해서는 환경, 경제, 사회라는 세 가지 요소를 바탕으로 평가하고 설계해야 합니다. 지속가능한 건축을 위한 세 가지 요소는 시스템 사고라는 개념에 밑바탕을 두고 있습니다. 각 요소는 생태계와 마찬가지로 서로 얽혀 있으며, 하나의 결정이 시스템 내의 다른 요소나 효율에 지대한 영향을 미칠 수 있습니다. 지속가능한 건축은 건축 디자인이 생물학, 화학, 물리학과 만나는 지점입니다. 하지만 지속가능한 건축은 과학에 국한된 것이 아닙니다. 진정한 친환경 건축은 주변 환경 및 건물과 상호 작용하는 사람들의 삶을 향상시키며 사회와 연결되어 있습니다.

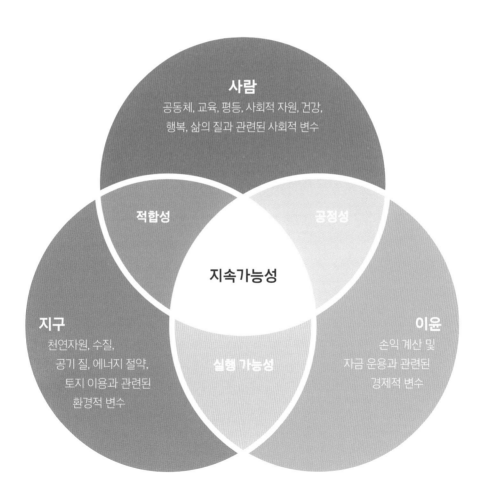

건축가 윌리엄 맥도너(William McDonough)가 말했듯이 건물은 그저 무난한 수준에 머물기보다는 인간의 삶과 주변 환경 전체에 적극적으로 기여해야 합니다. 윌리엄 맥도너는 '요람에서 요람까지'라는 방법론을 시험해보았는데, 일종의 생애주기 평가법인 이 방법은 뒤에 가서 살펴보도록 하겠습니다.

기후변화를 생각하는 디자인

기후변화에 대응하고자 건축가들은 화석 연료 대신에 재활용이 가능한 재료나 에너지원으로 눈길을 돌려 천연자원 고갈을 줄이려 합니다. 또한 효율적인 디자인과 액티브 시스템 및 패시브 시스템을 통해 에너지 소비를 최소화합니다.

액티브 시스템은 가동부가 있어서 사용자가 정기적으로 작동해야 하며 대체로 에너지와 유지관리가 필요한 외부 장치가 있습니다. 예를 들자면, 태양광 패널이 바로 태양광을 활용하는 액티브 시스템입니다. 건물에는 풍력, 지열, 수력, 조력, 바이오매스 에너지와 같이 재생 가능한 액티브 시스템을 여럿 설치할 수 있습니다.

패시브 시스템은 가동부나 사용자의 정기적인 작동 없이 운영됩니다. 예를 들어 사막은 24시간 주기로 기온이 심하게 오르내립니다. 두꺼운 벽체는 열용량이 커서 낮에 태양이 내뿜는 열에너지를 저장했다가 밤에 열에너지를 서서히 방출하는 패시브형 난방이 가능합니다.

액티브 시스템과 패시브 시스템을 동시에 활용하면 더욱 효율이 높아집니다. 그래서 사막에 있는 방에는 지붕에 태양 에너지를 저장하는 진공관형 튜브를 설치하며, 이를 통해 전력망이나 중앙 집중식 전력 체계 없이도 온수 탱크를 가동해 따뜻한 물을 공급할 수 있습니다. 21세기에 각광받는 여러 패시브 시스템은 정식 교육이나 훈련을 통한 것이라기보다는 지역 내 기술자들이 시간과 경험을 통해 빚어낸 것으로, 전통적인 설계 방식에서 빼놓을 수 없는 요소입니다.

기후변화에 맞서기 위해서 건축가들은 습지, 자연보호 구역, 미개발 지역과 같은 곳을 개발하는 행위를 거부하기도 합니다. 하지만 기후변화가 건축 환경에 몰고 온 가장 난감한 문제는 기존 건물을 기후변화에 대응시켜 나가는 것입니다.

건축가들은 20세기 중반부터 에너지를 많이 사용하는 유리 건물에 단열과 냉난방 시설을 추가하는 방법을 고민하고 있습니다. 또 기존 건물과 대지가 해수면 상승은 물론이고 토네이도나 허리케인과 같은 극심한 기상 현상이 증가하는 상황 속에서도 큰 피해를 입지 않도록 대응해나가는 방법도 모색하고 있습니다. 이 시대의 건물은 수명과 효율을 증대하기 위해서 형태 요소를 바꾼다거나, 다른 재료를 사용한다거나, 장벽이나 바람막이를 더한다든가, 자연환경 속에서 얻은 아이디어를 사용하는 식의 방법을 채택하고 있습니다.

에너지 사용

건물에서 사용하는 에너지는 세계에서 생산되는 에너지의 40퍼센트를 차지하는 것으로 추산됩니다. 40퍼센트는 엄청난 수치이기는 하지만 그렇다고 해서 건축이나 산업을 환경 파괴와 무조건적으로 연결 지어서는 안됩니다. 에너지 사용은 건물 그 자체보다는 건물 사용자의 에너지 사용 방식과 더 깊은 연관이 있기 때문입니다. 건물의 에너지 효율을 평가할 때는 소비 에너지와 내재 에너지를 구별해서 살펴봐야 합니다.

소비 에너지는 건물이 사용하는 총 에너지를 말하며, 이런 종류의 에너지는 내재 에너지보다 소비량을 추적하고 관찰하기가 더 쉽습니다. 내재 에너지는 자재를 생산해서 현장으로 수송하는 과정이나 공사 과정, 그리고 노동력에 이르기까지 건물을 짓는 과정에 들어가는 모든 에너지를 말합니다. 그렇다 보니 내재 에너지를 계산하는 것은 쉽지 않을 수 있습니다. 만약 건물에서 사용하는 에너지를 하나의 방정식으로 표현한다면 다음과 같은 단순한 공식을 이끌어낼 수 있을 것입니다.

내재 에너지 (공사 중)
+
소비 에너지 (건물 사용 중)
+
철거 및 폐기에 들어가는 에너지 (사용 후) = 생애주기 분석

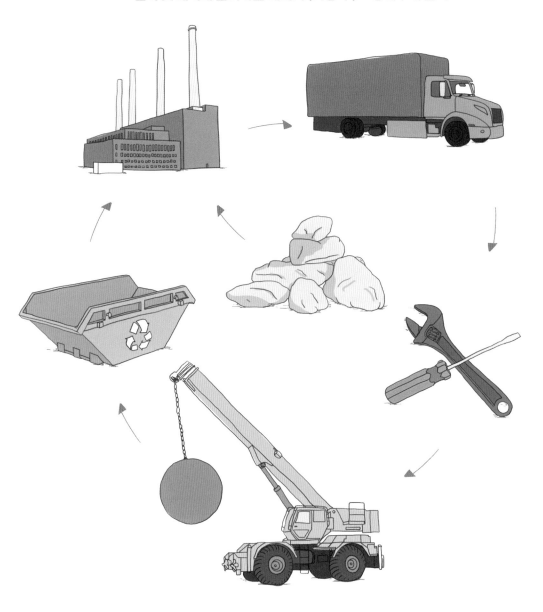

이 공식에 따르면, 건물의 친환경성을 제대로 파악하려면 건물의 생애주기를 전체적으로 따져볼 필요가 있습니다. 에너지 효율이 높은 건물은 공사비가 높을 수 있기 때문에, 건축가와 건축공학자, 건축주, 그리고 공동체가 지속가능성에 의식적으로 투자해야 합니다. 에너지 소비를 줄이는 액티브 시스템과 패시브 시스템을 설치해 에너지 효율이 높은 건물을 짓는다면, 초기 비용은 더 들어가겠지만 건물의 생애주기 동안 건물을 가동하는 데 들어가는 비용은 줄어들 것입니다. 따라서 건축가는 자신이 제안한 설계안이 에너지 효율을 얼마나 높이는지를 제대로 보여줘야 합니다.

지속가능한 재료

건축 재료는 건물의 탄소발자국에 커다란 영향을 미칩니다. 친환경 건축 재료를 고를 때의 핵심은 줄이기, 재사용하기, 재활용하기, 재고하기입니다. 재료가 환경에 미치는 영향을 알아내기 위해서는 건물의 전체 생애주기를 파악해야 합니다. 흔히 요람에서부터 요람까지라고 부르는 건물의 전체 생애주기는 재료의 원산지, 생산 방식, 운송, 유지, 폐기 후 처리 과정을 모두 포함합니다. 건축가들은 미생물 분해나 재활용이 가능한 재생 자원으로 만들어져서 환경에 피해를 주지 않는 재료를 찾고 있습니다.

보통 건물에는 천연 재료, 합성 재료, 복합 재료를 섞어서 사용합니다. 건축가가 고른 재료는 아름답고 내구성이 좋은 것은 물론이고, 시간이 지나면서 실내 공기 질을 떨어뜨리는 독성 물질이나 휘발성 유기화합물이 없어야 합니다. 재료 선정 과정에서는 단순히 미관상 보기 좋은 재료를 고르기보다는 여러 가지 요소를 잘 따져봐야 합니다.

친환경 건축 인증

건축계에는 새로 짓거나 고쳐 짓는 건물이 거시적인 접근법 속에서 시공되도록 이끄는 몇몇 인증 제도가 있습니다. 미국그린빌딩위원회(United States Green Building Council, USGBC)에서 시행하는 리드 인증을 비롯해 그린 글로브(영국의 브리암BREEAM에서 따온 것), 웰 빌딩(WELL Building), 국제생활미래연구소의 리빙 빌딩 챌린지(Living Building Challenge)가 바로 그런 인증 제도들입니다. 이와 같은 인증제는 설계자가 프로젝트 초기에 지속가능성을 고려하도록 이끌어줍니다. 이를 위해서 프로젝트 관계자들은 단지 특정한 문제를 다루거나 하나의 시스템을 설치하는 수준을 넘어서 광범위하게 협력합니다. 관계자들은 프로젝트 진행 과정에서 여러 선택지를 놓고 저울질하면서 각각의 선택지가 프로젝트의 다른 공정에 어떤 영향을 미칠지 평가하는 과정을 철저히 되풀이합니다.

이런 인증제는 건물이나 재료의 친환경성 여부보다 더 많은 사항을 고려합니다. 점수를 매기는 방식을 통해 건물의 양적인 면과 질적인 면을 분석해 설계와 시공 과정을 검토합니다. 인증제는 보통 건물의 기대 성능(설계 및 계획상 성능)과 실제 성능(입주 후 성능)을 모두 평가합니다. 인증제는 저마다 다르기는 하지만, 어느 것이나 오래 가고, 친환경적이고, 쾌적한 건물을 목표로 삼습니다. 모든 인증제에는 한 가지 전제조건이 있습니다. 예를 들어 자연보호 구역에 건물을 짓는다든가 하는 식으로 기본 원칙을 어기면 인증을 받지 못하는 것입니다. 인증제는 건물의 유형, 크기, 위치에 따라 다르게 적용될 때가 많습니다.

그러면 지금부터는 몇 가지 인증제를 살펴보도록 하겠습니다. 리드 인증은 건축 환경이 인간의 건강과 행복에 미치는 영향에 초점을 맞추며, 몇 가지 항목에 따라 점수를 매기는 방식으로 평가를 합니다. BD+C 인증(Building Design+Construction)은 건물이 지어진 전반적인 과정, 위치와 교통, 대지의 지속가능성, 물 절약, 에너지와 공기 질, 내부 환경 상태, 디자인의 혁신성, 지역 사회 공헌도에 따라 점수를 매깁니다. 이들 항목은 C+S(Core+Shell)

나 O+M(Operations+Maintenance)과 같은 인증제가 제시하는 항목과는 다릅니다. 웰(WELL) 인증은 건축 환경이 인간의 건강과 행복에 미치는 영향에 주목합니다. 웰 인증과 리드 인증은 전문 자격 제도도 실시합니다. 건축가는 시험을 치르며 해당 자격을 취득하기 위한 교육을 받을 수 있습니다.

리빙 빌딩 챌린지 인증은 가장 야심차고 엄격한 인증제에 속하며, 일곱 가지 항목(대지의 위치, 수질, 에너지, 건강 및 행복, 재료, 공정성, 심미성)에 초점을 맞춥니다. 이 인증제는 건물이 대지와 인근 지역의 환경뿐만 아니라 사회 경제적 측면에도 영향을 미친다고 여깁니다.

제 아무리 자연에서 가져온 재료라고 해도 건축가는 그 재료가 정말로 환경과 친환경 건물에 적합한지 제대로 따져봐야 합니다. 건축가가 따져봐야 할 항목은 다음과 같습니다.

- 어떤 방식으로 채취되었는가? 해당 지역에 또 다른 공장이 세워졌는가? 해당 지역을 원상 복구하기까지 어느 정도의 시간이 걸릴 것인가?
- 운송 거리는 얼마나 되는가?
- 해당 재료를 계속해서 이용하려면 어떤 작업이 필요한가?
- 교체와 보수 작업, 그리고 폐기 절차는 어떻게 진행되는가?

친환경 재료라고 불리는 몇몇 재료는 실제로는 친환경 재료가 아닙니다. 예컨대 일부 건물은 플라스틱 병이나 나뭇조각을 재활용한 재료를 사용하기도 하지만 이렇게 새로 만든 복합 재료는 쉽사리 분해가 되지 않습니다. 분해법이나 재활용법이

새롭게 나타나지 않는 한, 한때 친환경 재료라고 불리던 재료는 결국 수십 년에서 수백 년 동안 매립지에 쌓여있게 될 뿐입니다.

전망

2035년이 되면 건축물의 75퍼센트는 다시 짓거나 고쳐 지어야 할 것으로 보입니다. 건축가들에게 흥미로운 작업이 주어지는 것입니다. 건축가는 낮은 비용으로 친환경성을 갖추고, 거주자와 지역 사회에 더 많은 혜택을 가져다주는 건물을 새로이 설계하는 작업을 할 것입니다. 기존 건물을 어떤 식으로 손봐야 할지를 살피기 위해 에너지 진단을 수행하는 작업도 맡게 될 것입니다. 건축가들이 맡는 작업에는 에너지 최적화와 수자원 사용의 효율화를 위한 구조 및 외관 변경 작업이 포함될 것입니다. 자급자족하는 건물과 도시를 만들기 위해 건축가가 프로젝트 관계자들과 협력할 수 있다면 가장 좋을 것입니다.

건축가라고 해서 대형 시스템만을 검토한다든가 건물과의 상호 작용 방식을 바꾸는 것에만 관심을 가지는 것은 아닙니다. 건축가는 수명이 길고 에너지 효율이 높은 전구나 열 성능이 좋은 유리와 같이 설계상의 세부 요소에 대해서도 검토합니다. 에너지 사용은 센서, 타이머, 동작 탐지기를 통해 줄일 수 있습니다. 거주자는 불필요한 빛을 막아주는 차양과 같은 시설을 통해 에너지 소비를 줄이고 냉방 부하를 낮출 수 있습니다.

대개 환경을 고려하는 건물은 폐기물을 재활용하는 방안이나 재활용이 가능한 물질(종이, 플라스틱, 유리, 퇴비로 만들 수 있는 물질)을 종류별로 모아두는 공간을 마련해두며, 이것을 정원용 퇴비로 사용하기도 합니다. 빗물을 모아두었다가 용수로 사용하는 방법도 있으며, 오염되지 않은 중수를 화장실 물로 사용하기도 합니다. 지속가능한 건축물의 가장 흥미로운 면 중 하나는 건물이 전력을 생산하고, 생태계를 윤택하게 만들고, 지역 사회를 더욱 단단하게 결속시켜준다는 점입니다.

미래를 대비하는 해결책들

건축가들은 기후변화와 인구 증가에 대처하고, 지속가능성을 향한 야심 찬 목표, 예를 들어 유엔이 제시한 지속가능한 개발 목표와 같은 것을 통해 공동체를 더욱 공고하고 평등하게 만들어가기 위해서 창의적으로 사고해야 합니다. 건축가들은 기발한 몇몇 프로젝트를 통해 분리식 건물을 모색하고 있습니다. 분리식 건물은 전 세계 어디로나 이동이 가능하기 때문에 올림픽이나 월드컵과 같이 전 세계적인 행사를 치르면서 세워지는 임시 건물에서 나오는 탄소발자국을 줄일 수 있습니다. 또 건축가들은 생물학적 설계법, 즉 자연이 인간에 미치는 영향과 건물이 거주자의 건강과 행복을 위해 자연과 어떻게 불가분의 관계를 맺어야 하는지를 평가하는 설계 방식도 모색하고 있습니다. 이런 건물은 생기 있는 건물이 취할 수 있는 외관의 형태뿐만 아니라 건물 내외부의 경계부에 있어서도 고정관념을 탈피합니다.

오늘날에는 지구촌 곳곳에서 기온과 해수면이 상승하고 있기 때문에, 건축가는 즉각적으로 영향을 발휘할 수 있는 대담한 제안뿐만 아니라 지속가능한 건물을 위한 장기적인 대책도 제시해야 합니다. 그레이 오르갠스키 건축사무소(Gray Organschi Architecture)는 소규모 주택에서 초고층 건물에 이르기까지 현대식 건물에 나무를 널리 적용하는 방안에 관심을 기울여왔습니다. 환경에 막대한 영향을 미치는 강철이나 콘크리트에 의존하지 않고 높다란 목조 건물로 이뤄진 도시는 살아있는 온실가스 흡수원이 되어줄 수 있습니다. 이렇듯 건축적으로 조성된 도심 숲은 사람들이 일하고 생활하는 멋진 장소를 제공하는 동시에 공기도 정화할 수 있습니다.

건축사무소 파밍 아키텍츠(Farming Architects)는 생산적인 건축을 위한 아이디어를 더욱 발전시키고자 다음과 같은 혁신적인 질문을 던지고 있습니다. 학교나 식당, 공공건물에 수경재배로 채소를 키우는 벽체를 설치한다든가 아니면 빗물을 이용한 아쿠아포닉스(물고기와 작물을 함께 기르는 재배 방식_옮긴이)로 물고기를 키우는 시설을 설치하면 어떨까? 그렇게 된다면 건물 안에서 폐기물을 발생시키지 않으면서 모든 식재료를 얻을 수 있을 것입니다!

건축가들은 육지가 아닌 다른 곳에 건물을 세우는 방법도 모색하고 있습니다.

그들은 바다 아래에 수중 건물이나 도시를 건설하는 방법을 찾고 있을 뿐만 아니라 다른 행성에 들어설 건물을 위한 설계법과 시공법을 시험해보고 있기도 합니다. 화성처럼 복사열이 강하고 산소 농도가 낮고 모래 폭풍이 거세게 부는 곳에 들어설 건물은 어떻게 생겼을까요? 일반적인 주택은 화성에 적합할 리가 없으며, 무엇보다 건축 자재는 어떻게 조달해야 할까요?

이와 같은 프로젝트는 미지의 영역에 건물을 짓는 우리의 상상력과 시공력이 어느 수준까지 도달할 수 있을지 질문을 던집니다. 건축계의 발전을 위해서는 급진적인 아이디어와 질문이 필요합니다. 건축가 노먼 포스터는 말합니다. "건축가는 과거에 알고 있던 것을 바탕으로 현재를, 그리고 완전한 미지의 영역인 미래를 설계한다."

건축가는 건물 이외의 영역에도 관여합니다. 건축가와 설계, 구조, 시공 팀은 교량이나 항구, 모임을 위한 열린 공간과 같이 이 세상을 연결하거나 여가와 놀이가 가능한 광장을 만들어냅니다. 세계적으로 유명한 도시를 떠올려보면, 실제로 가장 유명한 몇몇 명소는 건물이 아니라 광장입니다. 런던, 파리, 로마와 같은 도시는 공공 보행로, 광장, 공원으로 유명합니다.

이런 공용 공간의 성격은 시간과 계절에 따라 변하기 마련입니다. 예컨대 공공 광장은 낮에는 사람들이 통근을 하거나 볼일을 보러 가기 위해 잠시 머무는 곳입니다. 하지만 밤이 되면 분위기가 완전히 뒤바뀌어서 주민과 관광객이 만나고 어울리는 활기차고 활발한 공간으로 거듭납니다. 또 광장은 때에 따라서 정부나 기타 기관의 행동을 촉구하는 평화로운 시위 공간이 되기도 하고 생기 넘치는 도심 속 공연장이나 축제의 장이 되기도 합니다.

이러한 공용 공간은 음식이나 상품을 판매하는 장터로 변신해 판매자는 소소하게 수입을 올리고 소비자는 신선한 식재료를 구할 수 있게 해주기도 합니다. 도시 내 낙후 지역에는 식품 사막(Food Desert, 신선한 식재료를 구하기 어렵거나 도보 및 대중교통으로 슈퍼마켓에 가기 어려운 곳)이 많습니다. 공설 시장은 건강한 삶을 위한 여건을 제공하고, 지역 농민과 상인들을 위한 터전이 되어줍니다.

우리 역사 속에는 성, 궁전, 종교 시설, 사무실, 주거 시설 등 사적인 용도로 지어진 경이로운 건축물이 참 많습니다. 하지만 이런 건물은 선택받은 사람들만 사용할 수 있습니다. 공공건축은 사려 깊고 누구에게나 열려있는 공간 디자인의 본보기를 보여줍니다.

외부 공용 공간은 다양하게 활용할 수 있습니다. 이곳은 비나 바람과 같은 기상 상황에 영향을 받기는 하지만 시간이 지나면서 진화할 수 있고 대체로 특정 도시나 문화의 성격을 형성하는 핵심입니다. 그러한 사례가 바로 미국 최초의 공원인 보스턴 코먼(Boston Common)입니다. 사람들은 흔히 공원을 축구, 소풍, 일광욕을 하는 곳으로 여기지만 보스턴 코먼은 처음 개장한 1634년부터 1800년대 초반까지는 지역 주민들이 가축을 방목하는 장소였습니다.

조지아주 사바나는 미국 최초의 계획도시입니다(1733년). 선구적인 도시계획가 제임스 오글소프(James Oglethorpe) 장군은 이곳에 공용 광장 스물네 곳이 산재한 격자형 계획안을 제안했습니다. 약 300년이 지난 지금까지 이 광장들은 모두 녹음이 드리운 소중한 공간으로 대접받고 있으며, 사람들은 우뚝 솟은 떡갈나무 아래에서 책을 읽거나 멋진 건물을 그립니다. 이 광장들은 자동차가 사용되기 이전에 계획되었지만, 자동차가 광장 주변의 길을 살피며 속도를 늦추게 만들기 때문에 도시를 더욱 보행자 친화적인 곳으로 만들어줍니다.

공원은 신선한 공기가 흘러들어오는 통로 및 운동 공간이자 자연을 누리면서 심신의 건강을 증진하는 곳이기에 '도시의 허파'로 불릴 때가 많습니다. 지난 장에서 언급했듯이, 최근 생물학적 설계법과 관련해서 진행된 연구에 따르면 사람은 자연과 결속감을 느낄 때 더 건강하고 행복한 삶을 누립니다.

이번 장에서는 건축가가 저마다 요구 사항이 다른 공동체 내에서 혁신을 이끌어내기 위해 공용 공간을 어떤 관점으로 바라보고 다양한 이해관계자들과 어떻게 작업해나가는지 살펴봅시다.

깊이 들여다보기

샌프란시스코는 도시 내 건축물과 금문교(1937년), 그리고 악명 높은 안개가 걷힌 날 바다 너머로 보이는 숨 막히는 광경으로 유명합니다. 샌프란시스코의 안개는 온도 변화에 풍향 및 해류 변화가 뒤섞여서 발생하는 것으로, 이 해안가 도시에 영향을 미치는 환경적 요소가 많다는 것을 보여주는 신호입니다. 설상가상으로 샌프란시스코는 미국에서 지진이 가장 많이 발생하는 곳이어서 지진뿐만 아니라 산사태, 토양 액상화(지진으로 인한 진동 때문에 지반이 다량의 수분을 머금어서 액체처럼 변하는 현상_옮긴이) 현상이 발생하기 쉽습니다. 갖가지 악조건 때문에 샌프란시스코는 혁신적인 설계를 선보이기가 어려운 수준을 넘어 불가능한 곳처럼 보이기도 합니다. 하지만 건축가들은 열정과 긍정적인 사고방식 속에서 복잡한 대지 조건과 얽혀있는 문제들에 접근하기 때문에, 주어진 상황에서 탁월한 실력을 발휘합니다.

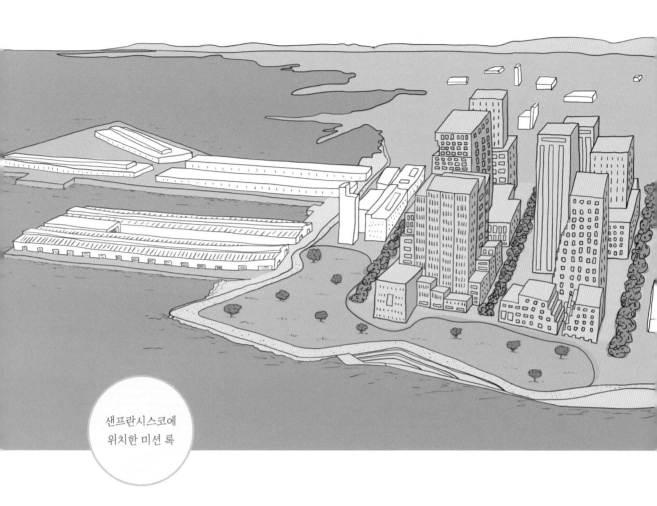

샌프란시스코에
위치한 미션 록

미션 록(Mission Rock)은 맥코비만과 샌프란시스코만 사이의 부둣가 약 11만 3000제곱미터를 새로이 개발하는 프로젝트입니다. 이 프로젝트를 진행하는 여러 건축사무소(헤닝 라르센 Henning Larsen, 엠브이알디브이 MVRDV, 스튜디오 갱 Studio Gang, 워크에이씨 WORKac 등)는 해수면 상승으로부터 도시를 보호하기 위한 방안을 발전시켜나가고 있습니다. 더불어 이 프로젝트는 한때 공업지대였다가 지금은 야외 행사장으로 쓰이는 역사적인 48번 부두(Pier 48)를 재단장하는 작업과 해당 지역을 도로 및 대중교통과 연결하는 작업도 진행합니다. 이토록 복잡한 대지에서 야심찬 목표를 달성하려면 협업이 가장 중요합니다!

스케이프(Scape), 밀러 컴퍼니(Miller Company), 민 디자인(Min Design) 소속

조경가들은 48번 부두 인근에 녹지를 조성하는 광범위한 설계안(차이나 베이슨 공원)을 제안했습니다. 이 해변 공원과 산책로에는 자전거 도로와 바다로 이어지는 계단, 카약 시설을 갖춘 여가 및 휴식 공간이 들어설 것입니다. 이 공원은 샌프란시스코 자이언츠의 홈구장 건너편에 위치하기 때문에 방문객들은 해안가에 설치된 벤치나 심지어 바다 위에 떠 있는 배 위에서도 야구 경기를 관람할 수 있을 것입니다.

차이나 베이슨 공원은 인근 지역의 조간대(潮間帶) 생태계를 살리는 시스템도 갖출 것이기에, 사람들은 주변 환경을 살리는 와중에 운동을 할 수 있습니다. 인공 습지에는 야생 식물이 활발하게 서식지를 형성할 것이고, 그러면 조류 및 기타 야생 동물이 찾아들 것입니다. 미션 록 프로젝트는 48번 부두 인근에 너른 녹지와 잔디밭을 조성하는 작업 이외에도 사람들이 함께 모여 여가를 즐길 수 있는 소형 공원을 잇달아 조성하는 계획안도 포함하고 있습니다. 더불어 인근에 조성하는 블루 그린웨이(Blue Greenway)는 도시 내 습지와 보행로, 자전거 도로를 연결할 것입니다.

기본 계획안에는 다양한 종류의 열린 공간뿐만 아니라 주민과 관광객이 쇼핑, 식당, 공연, 전시 시설을 즐길 수 있는 구역도 갖춰져 있습니다. 사무 공간은 이 지역에 거주하는 사람들에게 편리한 시설이 되어줄 것이며, 주거 시설의 40퍼센트는 적정한 가격의 주택으로 할당되어 있습니다. 샌프란시스코는 부동산 가격이 상당히 높기 때문에 이런 정책이 매우 중요합니다. 미션 록 프로젝트는 환경 및 경제 회복에 초점을 맞춰 공정하고 다양한 공동체를 형성하는 것을 목표로 삼습니다.

건축가가 하는 일

건축가는 건물을 설계하는 것보다 훨씬 많은 일을 합니다. 그들은 공동체 전체가 살아가고 일하고 배우고 놀고 기억하고 건강을 지키는 방법을 제시하기도 합니다. 건축가가 그런 작업을 어떻게 해나가는지 살펴봅시다.

스마트 성장을 위한 공동체 형성

건축가는 거주자가 학교와 직장, 그리고 식료품점과 상점, 공동체 시설, 여가 시설을 쉽게 사용할 수 있는 안전하고 건강한 장소를 설계합니다. 또 인구 증가에 대비한 여유 공간을 위해 스마트 성장(도시의 확산을 억제하면서 대중교통, 보행자, 자전거 등을 중심으로 다양한 주거 형태를 포함하는 복합 도시 개발법_옮긴이)을 계획할 수 있습니다. 자신에게 필요한 모든 장소를 도보나 자전거, 대중교통으로 접근할 수 있는 동네에 산다고 생각해봅시다. 이처럼 전체를 아우르는 방식의 설계는 흔히 뉴어버니즘이라고 부르는 도시 계획법의 특징이며, 플로리다주 시사이드가 바로 그런 식으로 계획된 대표적인 곳입니다.

앙드레 듀아니(Andrés Duany)와 엘리자베스 플레이터 지버크(Elizabeth Plater-Zyberk)가 계획한 시사이드는 보행자 중심의 도시로, 여러 건축가가 이상적인 계획안을 만들기 위해 협력한 곳입니다. 길, 풍경, 건물의 규모는 자동차가 아닌 보행자에 초점을 맞춰서 계획되었습니다. 주택, 공공시설, 공용 공간에 적용된 조경과 기타 세부적인 시설은 개성이 넘치며 기후에 대응하도록 세심하게 조성되었습니다. 이 해변 마을에서는 책을 읽거나 대화를 나누기 좋은 그늘을 쉽게 찾을 수 있습니다. 훌륭한 건축물은 우리가 잠시 쉬면서 주변을 차분히 음미하도록 해줍니다.

이와 같은 곳에서는 이웃 간의 유대가 더욱 돈독해지도록 지역 주민들이 건축가와 힘을 합칩니다. 또 농지와 습지 및 기타 야생 생물 서식지는 그대로 보존되기에 건축 환경과 자연환경이 서로를 보완해줍니다.

기념물 설계

조경가와 건축가는 묘지나 기념비처럼 기념과 기억을 위한 공간을 책임지기도 합니다. 기념 시설은 침울한 분위기가 서려있지만 아주 중요한 공간이기에, 유족이나 동료들의 마음에 평안과 안도감을 주는 동시에 역사 속에 있는 제각기 다른 사람과 장소, 이념을 아우르는 시각적 표지의 역할을 담당합니다.

건축가이자 예술가인 마야 린(Maya Lin)은 기념물 설계의 대가로, 건축과 학생이던 스물한 살에 베트남 참전 용사 기념비 공모전에서 우승했습니다. 그로부터 수십 년이 지나는 동안 마야 린은 앨라배마주 몽고메리에 위치한 시민권 기념관, 자신의

마야 린이 설계한
베트남 참전 용사
기념비, 워싱턴 D.C.

모교인 예일대학교에 세운 여성들의 탁자(Women's Table)와 같이 생명의 역사에 서린
이야기와 감정을 전달하는 여러 작품을 완성했습니다.

　전 세계 곳곳에는 프랑스 북부의 세계대전 기념비에서부터 워싱턴 D.C.의 갖가지
기념 시설에 이르기까지 유명 건축가가 설계한 기념물이 무수히 많습니다. 이 중
일부는 특정 인물이나 사건을 기리기 위해 세워지지만, 나머지는 예전에 주목받지

못하던 특정 시대나 고난의 역사를 전달하는 데 초점을 맞춥니다.

예를 들어, 버지니아대학교 노예 노동자 기념관은 강제로 동원되어 교내 로톤다 건물과 아카데미컬 빌리지(Academical Village) 건설을 돕고 학생과 교수진을 위해 일해야 했던 사람들을 기립니다. 이곳은 기념관이라서 기후와 빛의 변화에 따라 형태의 색상과 질감이 변하게끔 재료를 세심하게 사용했습니다.

농작물 수확법에 대한 대안

국제 공모전에서 성과를 거둔 캘리포니아 주립대학교 버클리 캠퍼스의 건축학과 학생들과 교수진은 세계적으로 유명한 도쿄의 구마 겐고(Kuma Kengo) 건축사무소와 협업을 진행했습니다. 공모전은 친환경적인 정원을 설계하는 대회였고, 학생들은 주어진 대지에서 농사를 짓고, 수확을 하고, 음식을 먹는 계획안을 제안했습니다. 이 계획안에는 폐기물로 천연 거름을 만들어 정원에 뿌리는 방안도 포함되어 있습니다. 이 대지는 날씨가 추운 겨울철에는 온실의 역할을 담당할 수도 있습니다. 더불어 새로운 농사법 및 공동체 내에서 음식을 나누는 중요한 행위에 대한 관심을 시각적으로 불러일으키면서도 전통 건축과의 관계를 고려해 지역에서 생산되는 재료와 전통 기법을 사용합니다.

놀이 공간

여러분에게는 제일 좋아하는 공원이나 놀이터가 있나요? 그 공간을 특별하게 만드는 요소는 무엇인가요? 앨라배마주 오번대학교(Auburn University)의 건축학과 학생들은 루럴 스튜디오(Rural Studio)라고 부르는 주거 프로그램에 참여할 수 있습니다. 사무엘 모크비(Samuel Mockbee)와 D.K. 루스(D.K. Ruth)가 만든 이 프로그램은 학생들에게 헤일카운티 지역에 새로운 건물과 공간을 설계하고 시공해보는 기회를 제공합니다. 이 지역은 가난에 찌든 곳이고, 그렇기에 학생들은 지역 발전에 기여하는 시민 건축가의 역할을 맡게 됩니다. 지금껏 루럴 스튜디오를 통해 천여 명의 학생들이 약 270건의 프로젝트를 수행했습니다. 학생들이 완성한 프로젝트에는 주택과

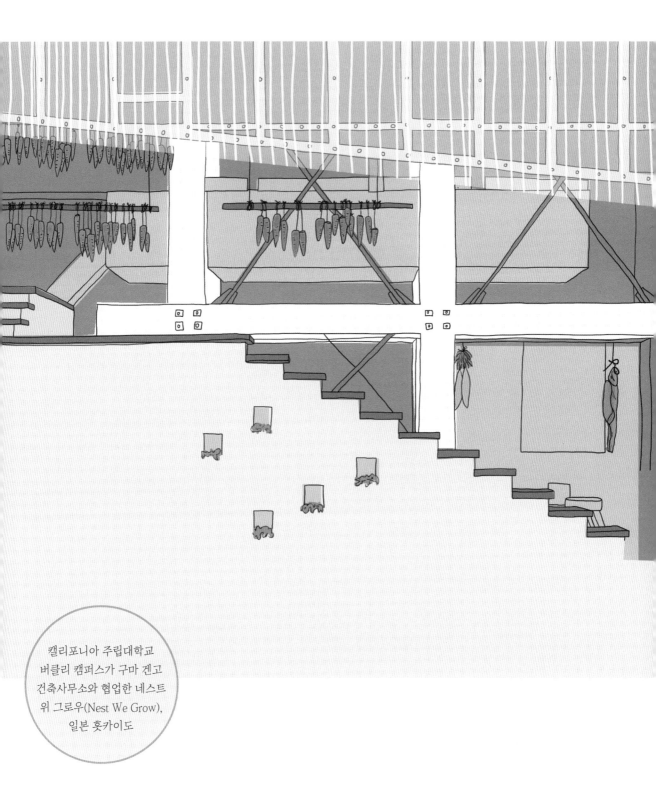

캘리포니아 주립대학교 버클리 캠퍼스가 구마 겐고 건축사무소와 협업한 네스트 위 그로우(Nest We Grow), 일본 홋카이도

커뮤니티 센터뿐만 아니라 공원 내 편의 시설이 있습니다. 그중 하나인 앨라배마주 페리 호수공원 내 휴게 시설과 조류 관찰대에 가면 자연을 색다른 시선으로 경험할 수 있습니다. 이들 시설은 다양한 사용자와 다양한 연령대를 대상으로 설계되었으며, 다음 세대 건축가들이 아이들의 상상력이 무럭무럭 자라나는 놀라운 공간을 만들어내게끔 영감을 줍니다. 또한 학생들은 수년에 걸쳐 앨라배마주 라이온스 공원에 공원의 활용도를 높이는 시설을 설계하고 시공해왔습니다. 라이온스 공원에는 산책로를 시원하게 만들어주는 차양 시설과 콘크리트로 만든 스케이트 시설, 야구 시합 등의 행사에 사용하는 이동식 매점, 200리터짜리 드럼통을 재활용해서 만든 대형 놀이터가 있으며, 이 놀이터에 사용한 드럼통 표면에는 아연 도금이 되어 있어서 웃음소리가 메아리치며 퍼져나갑니다.

도심 속 오아시스

우리가 이제껏 살펴본 공원과 도심 광장은 대개 노천 공간이거나 나무로 그늘을 형성합니다. 그렇다면 열기와 직사광선을 피해야 하는 뜨거운 계절에는 어떻게 대처해야 할까요? 스페인 세비야에는 위르겐 마이어(Jürgen Mayer) 건축사무소가 설계한 메트로폴 파라솔(Metropol Parasol)이라는 곳이 있습니다. 위르겐 마이어는 보행자와 인근 식당가 및 농산물 직판장에 그늘이 지도록, 구조물이 광장의 상당 부분에 걸쳐서 떠 있는 방안을 활용했습니다. 구조물의 일부는 도시 경관이 다양한 모습으로 보이도록, 그리고 바람이 불어 들어오도록 했습니다. 또한 이곳은 붙박이식 벤치와 화분으로 바닥 높이에 변화를 주었기에 스케이트보드를 타는 사람들을 구경하기에 아주 좋습니다.

메트로폴 파라솔은 목재로 지은 가장 커다란 구조물 중 하나이며, 격자형 차양을 만들기 위해 버섯 모양의 부재를 대형 3D 퍼즐처럼 짜놓았습니다. 여기에 사용한 목재는 (커다란) 통원목이 아니라 자잘한 목재를 적층한 합판입니다. 메트로폴 파라솔 프로젝트는 환경에 미치는 영향을 줄이고자 수령이 높은 나무를 사용하지 않았습니다. 또한 구조재를 공장에서 제작하고 현장에서 조립해 시공 효율을 높였습니다.

건축가 위르겐
마이어가 설계한
메트로폴 파라솔,
스페인 세비야

동물 서식지를 더 안전하게

건축가, 조경가, 건축공학자, 산업디자이너, 생물학자 들은 동물을 위한 구조물을
만들기 위해 힘을 합치고 있습니다. 이처럼 생태계를 생각하는 디자인에는 야생
동물을 위한 다리, 지하 배수로, 갓길 둑, 창문용 무반사 코팅은 물론이고, 건물에
새들이 둥지를 트기 용이한 시설이나 꿀벌을 위한 꽃가루 공급원을 설치하는
방법도 있습니다. 이처럼 중요한 시설은 야생 동물의 이동로 확보를 위해 간선도로,

건축가가 공간을 만들어가는 방법

고속도로, 개발대상지에 설치해 포유류, 양서류가 자동차에 치이지 않고 주기적으로 이동하고 먹이 활동을 할 수 있도록 도와줍니다. 또한 건물에 반사된 광경 앞에서 조류가 방향 감각을 잃고 건물에 충돌하는 사고를 막아줍니다. 동물을 생각하는 디자인은 건축 환경과 자연환경이 공존하는 방법을 찾아갑니다.

종합 계획안 구상

건축가는 개별 건물이나 광장 주변의 일부 구역이 아니라 지역이나 도시 전체를 재구상하는 대규모 종합 계획안을 구상하기도 합니다. 이와 같은 복합 개발 프로젝트는 주거, 상업, 사무, 교육, 기타 공공시설, 녹지 등 다양한 시설을 아우릅니다.

종합 계획안을 세울 때는 사람들이 도보, 자전거, 대중교통 중심으로 이동하는 방안을 비롯해서 환승 지점과 도시 곳곳을 가로지르는 버스와 열차 등 상위 교통 시설과의 연결성, 다른 도시와 연결되는 시외버스·기차·항공편, 그리고 자가용과 대중교통의 연결성에 대해서 고민합니다.

안타깝게도 이런 계획안은 계획안으로만 그치고 실제로 실행되지 않을 때도 있습니다. 하지만 그렇다고 해도 이런 프로젝트에는 제 나름의 가치가 있습니다. 지역 간의 교류 증진, 토지의 회복력에 대한 관심 증대, 기금과 후원을 통해 진행할 수 있는 재개발의 이모저모를 생각해보는 계기가 되어주기 때문입니다. 종합 계획안은 실제로 추진이 된 것이든 아니면 계획안에 그친 것이든 유휴지나 낙후지에 유익한 변화나 재투자를 끌어오는 촉매제로 작용할 수 있습니다.

건축계 내의 진로

이제는 여러분도 알아차렸겠지만 건축은 무척 다채롭고, 여러 전문가와의 협업이 필요한 분야입니다. 지금부터는 대규모 공공시설 프로젝트에서 매우 중요한 역할을 담당하는 전문가들에 대해서 살펴보도록 하겠습니다.

야생 동물을 위한
이동 통로

조경가

조경은 비교적 새로운 분야이기는 하지만 정원을 계획적으로 조성하는 작업은
세계 7대 불가사의 중 하나인 공중 정원을 보면 알 수 있듯이 수천 년 전부터
이뤄져왔습니다.

　하지만 조경가라고 해서 정원 디자인 작업만 하는 것은 아닙니다. 조경가는 미학,
자연과학, 수문학, 지질학, 식물, 지형, 토질, 기후, 생태계에 대해 공부합니다. 그들은
이런 지식을 바탕으로 건축 환경과 자연환경 모두에게 이롭도록 설계 및 시공 작업을

해나갑니다. 조경 작업은 완전히 새로운 구조물을 세우는 작업으로 진행되기도 하지만 조경 프로젝트 역시 보존, 복원, 재건, 재생을 하는 작업으로 진행될 수 있습니다.

조경은 사람들이 친환경 건축에 더욱더 익숙해지면서 성장해나가고 있는 분야입니다. 조경 설계는 배수와 우수(雨水) 시설을 계획하는 작업뿐만 아니라 놀이터, 공원, 공공 체육센터를 통해 활기찬 생활을 영위하게 하는 작업까지 다룹니다. 조경가들 덕분에 우리는 산책로, 하이킹 도로, 자전거 도로를 사용할 수 있으며, 또 적절히 배치된 나무 그늘을 거닐거나 사려 깊게 설치된 벤치에서 휴식을 취하거나 자전거 거치대와 같은 시설을 사용할 수 있습니다.

프레데릭 로 옴스테드(Frederick Law Olmsted, 1822~1903)는 미국 조경학의 아버지로 알려져 있습니다. 가장 유명한 작품은 뉴욕 센트럴 파크이며, 이곳은 조경을 설계의 한 요소로 보고 세심하게 계획했습니다. 옴스테드는 다른 회원 열 명과 함께 1899년에 미국조경가협회(ASLA)를 설립했습니다. 요즘은 조경 및 도시 설계 작업을 진행하는 스케이프와 같은 회사들이 해수면 상승에 대처하기 위해 해안가를 재해석하고, 오염된 생태계를 회복 및 확장하고, 공공 공원을 조성하는 작업을 통해 21세기 건축계가 맞닥뜨린 몇몇 난제를 해결해가고 있습니다. 조경가들은 지역 사회를 더욱 건강하고 행복하게 만드는 작업을 하며, 그 혜택은 우리 모두에게 돌아올 수 있습니다.

도시계획가

건물은 도시를 이루는 하나의 요소일 뿐입니다. 도시에는 도로, 철도, 운송 수단과 같은 교통 시설도 있습니다. 또 가로등과 벤치 같은 가로 시설물이라든가 전신주, 녹지 공간도 있습니다. 또한 땅 속에 무수히 묻혀있는 지하철이나 하수도도 빼놓을 수 없습니다. 이와 같은 도시 인프라 시설은 모두 하나의 커다란 시스템을 작동시키는 기어 장치와 같으며, 이 시스템이 작동하는 과정은 사용자에 의해 더욱 복잡해집니다.

도시는 보행자, 자전거 이용자, 운전자, 대중교통으로 출퇴근하는 직장인이 도시를 속속들이 알 수 있고, 초행자도 다니기에 좋아야 합니다. 도시계획가는 앞서 언급한 모든 교통 체계와 이를 사용하는 사람들을 위해 연구하고 설계 작업을 해나갑니다. 또 건축 환경과 지역 사회, 그리고 용도 지구를 관장하는 행정 당국 사이를 연결하는 역할을 합니다.

건물을 지을 때와 마찬가지로 도시계획 역시 상황에 따라 해결책이 다릅니다. 도시계획가는 요즘 시대의 시공 방식과 해당 지역의 기후를 고려해야 하지만 그와 동시에 도시가 5년, 10년, 50년 후에 어떻게 기능하고 변할지를 평가해서 설계 작업을 진행해야 합니다. 도시계획가는 지속가능한 성장이나 부동산 개발 등 각기 다른 전문 분야에서 일하며, 여타 건축업계 종사자들과 마찬가지로 두 학문이 융합된 분야에서 전문지식을 갖추기도 합니다. 주요 융합 분야는 보건, 법률, 경영입니다.

토목공학자

건축학과 마찬가지로 공학 역시 전문 교육, 실무 경력, 그리고 일련의 자격 취득 과정이 필요합니다. 특정 토목공학자들은 건물의 물리적인 시공 과정에 초점을 맞춥니다. 그들은 특수 장비, 구조체를 지지하는 가설 부재, 건축 자재 및 장비를 현장으로 실어나르는 시설을 관리합니다. 또 이들 장비와 시설을 완공 후에 해체하고 대규모 유지보수 작업을 진행하는 과정도 담당합니다.

몇몇 분야의 공학자들은 건축가와 직접 머리를 맞대고 함께 일합니다. 예를 들어 건축공학과 구조공학은 모두 건축과 토목을 넘나드는 전문 분야입니다. 이들 분야에서 일하는 공학자들은 그 프로젝트와 관련된 문제점을 획기적으로 해결하고자 공학적 원리와 시공 기술을 활용합니다. 예컨대 공학자들은 건물이 환경에 미치는 영향을 줄이는 방법이나 건물의 외관과 전체적인 디자인 콘셉트를 해치지 않는 구조 보강법을 검토합니다. 또, 건물이 튕겨내는 자연광이나 바람으로 인해 도시에 열섬이나 강풍이 발생하지 않는 방법도 찾아냅니다.

전망

앞으로 도시 인구와 도시 밀도는 계속해서 증가할 것입니다. 이에 따라 건설 프로젝트 담당자들은 사람들이 직장 및 여러 편의 시설과 가까이 살면서 자원과 주요 공용 공간을 더 많이 공유하는 방안을 찾고 있습니다. 이는 도시의 무질서한 확장을 피하고, 미개발지와 해안가를 보호하며, 건축 환경과 자연환경 사이에 적절한 균형을 잡는다는 뜻입니다. 이토록 야심 찬 목표를 두고 추진되는 대규모 도시 재생 프로젝트는 건축가, 조경가, 공학자, 시행사, 지역 내 이해관계자에게 아주 중요한 사업이 될 것입니다.

앞서 언급했듯이 온갖 버려진 땅 중에서도 오염된 산업용지는 개발 사업을 추진하기에 적합한 곳입니다. 정화 작업이 이뤄지지 않은 산업용지에서는 땅과 물속으로 인간의 건강에 해로운 물질이 스며들 수 있습니다. 하지만 정화 작업을 제대로 실시한다면 오염된 산업용지는 창의적인 재생 사업의 모범 사례로 탈바꿈할 수 있습니다. 이런 맥락에서 건축가들은 피츠버그 제철 공장, 디트로이트 러스트 벨트(Rust Belt, 쇠락한 공업지대_옮긴이)의 자동차 공장, 미국 남부 노스캐롤라이나주 롤리—더럼의 방직 공장처럼 버려지거나 문을 닫은 산업 지대를 재생하는 작업을 진행하고 있습니다.

대규모 산업 지대는 재개발과 재투자에 매우 적합한 곳입니다. 이곳은 규모가 크기 때문에 주거나 상업 시설은 물론이고 사옥 혹은 박물관이나 공연장과 같은 문화 시설로 용도를 바꾸기가 비교적 용이합니다. 실제로 성과가 가장 좋았던 몇몇 재생 프로젝트는 남녀노소 누구나 함께 어우러질 수 있는 멋진 장소를 만들기 위해 앞서 언급한 시설을 모두 갖추었습니다. 복합 시설은 낮이나 밤이나 활기가 넘치기 때문에 치안 상태가 양호하고 찾아가기가 좋습니다.

버려진 산업용지를 재개발한 프로젝트로 세계에서 가장 널리 알려진 곳은 뉴욕시의 하이라인(High Line)입니다. 하이라인은 1900년대 뉴욕 첼시 지구의 육가공 단지에 설치되어 있던 2.4킬로미터 높이의 철로입니다. 이 철로는 1980년대에 운영이 중단되면서 20년 이상 방치되었지만 지역 활동가, 건축가, 생태학자 들이 힘을 모아

도심 내 선형 공원으로 재탄생시켰습니다. 이제 하이라인은 뉴욕에서 사람들이 가장 많이 찾는 곳 중 하나가 되었으며, 이를 바탕으로 인접한 지역에서 재개발 프로젝트가 연이어 추진되었습니다.

밸러리 S. 프리드먼(Valerie S. Friedmann)

미국건축가협회 회원
켄터키주 렉싱턴 도시계획과 소속 도시계획가

평소 하루 일과는 어떻게 보내시나요?

저는 서로 연관된 세 가지 업무를 담당하고 있습니다. 저에게 가장 중요한 첫 번째 업무는 지역 행정 기관에서 일하는 것입니다. 제 신분은 공무원이기 때문에 관할 구역과 관련된 업무를 보면서 가장 많은 시간을 보냅니다. 두 번째 업무는 도시가 계속해서 성장해가는 동안 공공용지와 녹지를 확보하고자 하는 지역 사회의 목표와 이상이 실현되도록 다른 행정부처와 협의해나가는 일입니다. 마지막 세 번째 업무는 각 지역 사회의 개발 예정 프로젝트가 우리 도시계획과의 목표를 뒷받침하는지를 검토하며 공동체를 개발하는 일입니다. 저는 이처럼 각기 다른 집단을 연결하고 조정해나가는 기술을 전공 수업을 들으면서 제대로 갈고닦을 수 있었습니다.

왜 조경가가 되고 싶으셨나요?

어린 시절에 제가 가장 좋아하던 책은 오래된 동식물도감이었습니다. 집 뒷마당에 몇 시간씩 머물며 이 세계에 대해서, 그중에서도 특히 식물에 대해서 배웠습니다. 저는 도감에 담긴 정보뿐만 아니라 아름다운 삽화와 지도에도 흠뻑 빠졌습니다. 또 저는 사람들이 공간을 어떤 식으로 사용하는지를 살피며 빈 공간을 하나의 장소로 만드는 게 무엇인지에 대해서 생각해보기를 좋아했습니다. 이처럼 저는 파릇파릇 자라나는 식물과 아름다운 나뭇잎, 꽃, 지도에 이끌렸고, 또 사람들이 식물의 아름다움에 둘러싸인 채 행복하고 환영받고 대접받는 기분을 느끼는 공간을 만들고 싶어서 조경가가 되었습니다.

어떤 학교에 다니셨나요?

저는 테네시대학교에서 조경 설계 및 시공으로 학사 학위를 받았고, 조경학으로 석사 학위를 받았습니다.

일을 하면서 가장 난감한 순간은 언제였나요?

저는 조경가이다 보니 인간과 자연 모두에게 필요한 요소를 잘 다뤄낸 장소를 자주 찾습니다. 그런 모범 사례들에 익숙해서 그런지 볼품없게 설계된 장소에 가면 당혹스러울 때가 있습니다.

조경가가 되어서 가장 좋은 점은 무엇이고, 가장 뿌듯한 점은 무엇인가요?

가장 난감한 순간과 반대되는 순간이지요. 그러니까 제가 조경으로 세상을 더 좋은 곳으로 만들 수 있다는 생각이 들 때 가장 뿌듯합니다.

조경가가 되고 싶은 이들에게 해주고 싶은 조언이 있나요?

사람들이 자기 동네에 필요하다고 생각하는 것들을 이야기할 때, 사람들의 이야기에 귀 기울이는 법을 일찍 배워두면 좋습니다. 듣고 싶은 이야기만 들어서는 곤란하답니다. 조경 설계를 할 때도 그런 자세를 가져야 합니다.

한때 미국에는 공장을 중심으로 소도시들이 번성했습니다. 자연 폭포를 따라 자리 잡은 공장 도시에는 구불구불한 강변에 정착촌이 형성되었고, 이런 정착촌은 1820년대부터 1980년대까지 활기를 띠었습니다. 기업가 정신에 바탕을 둔 직물 산업은 새로운 생활 방식을 만들었습니다. 이들 도시에 상업적으로 투자가 이뤄지자 도시 중심가는 활기찬 상권과 더불어 학교와 체육관, 극장 등 특색 있는 민간 시설과 공용 시설이 들어서는 혁신적이고 복합적인 계획에 따라 개발되었습니다. 하지만 직물 공장이 문을 닫고 생산 시설이 해외로 이전하면서, 이들 지역의 인구와 건축 경관에는 급격한 변화가 찾아왔습니다. 대규모 공장이 다수 철거되었고, 일부 공장은 자재를 재활용하는 차원에서 뜯겨나갔습니다. 실업률이 높아지면서 많은 사람들이 다른 지역으로 떠났고, 이제 이들 지역은 완전히 낙후된 곳이 되었습니다.

하지만 창의적인 건축가, 투자자, 지역민 들은 미국 내 소규모 공업 도시를 부활시키고자 애쓰고 있습니다. 메사추세츠주 로웰에서 진행 중인 해밀턴 운하 혁신 지구 계획(Hamilton Canal Innovation District Plan)은 제대로 활용되지 못하는 지역을 도시의 새로운 관문이자 새로운 주거지, 그리고 방문객이 운하나 공장 단지를 둘러볼 수 있는 시설로 재단장하고 있습니다. 공장은 예술가들의 작업실과 주거 시설로 바뀌었는데, 이들 시설의 가격은 대체로 사용자들이 감당할 수 있는 수준으로 책정되었으며, 공장 내 마당은 공원이 되었습니다. 한때 공장에 전력을 공급하던 발전소는 이제 지역민들을 위한 발전소가 되었습니다. 또 이곳은 공장이 서로 연결되어 있다 보니 다리, 트램, 보행로, 자전거 도로를 통해 대중교통을 확충하기에 안성맞춤이었습니다. 이 지역은 대중교통을 기반으로 스마트 성장을 이끌어낸 모범 사례로 알려져 있습니다.

공업 시설 재생 프로젝트는 건축가가 지역민과 힘을 합쳐 역사적인 장소를 되살리면서 지속가능한 형태로 새로운 생명을 부여하는 작업의 한 가지 사례일 뿐입니다. 해밀턴 운하 프로젝트는 건축 자재를 재활용하고, 에너지와 물 사용을 줄이는 설비를 사용하고, 화석 연료 대신 대체 에너지원을 사용하고, 여가 및 사교 공간을 통해 각종 활동을 장려하고, 새로 조성한 공원과 지붕에 녹지 공간을 마련하는 방식으로 추진되었습니다. 이와 같은 재생 프로젝트는 밀워키, 위스콘신, 디트로이트, 미시간, 노스캐롤라이나주 그린스보로 등에서도 진행 중이며, 이를 통해 버려진 공간이 완전히 새로운 공간으로 거듭날 수 있음을 보여주고 있습니다.

해밀턴 운하 재개발
프로젝트

깊이 들여다보기

지금까지 우리는 주로 건축가가 개별 건물의 설계안이나 도시 계획안을 통해 변화를
이끌어내는 방식과, 이런 건축 작업이 지속가능한 공동체로 이어지는 마중물이 될 수
있다는 것을 살펴보았습니다. 그렇다면 건물을 설계하는 과정은 어떤 식으로 진행이
되는 걸까요? 프로젝트의 개발, 설계, 계획 단계에서 모든 이해관계자들의 목소리를
들으려면 어떻게 해야 할까요? 건축가와 건축주가 건물이 들어서는 곳 주변의
지역민들과 협업하지 않는다면 어떤 일이 일어날까요?

지역 성장을 위해 사려 깊게 협조하며 훌륭한 설계안을 이끌어내기 위해서는
제각기 다른 다양한 관점을 헤아려야 합니다. 커뮤니티 디자인센터(지역의 균형 있는
발전을 위해 여러 전문가들이 참여하는 비영리 단체_옮긴이)는 이런 면에서 훌륭한 역할을
합니다. 커뮤니티 디자인센터는 설계 및 계획상의 과제를 항상 공공의 이익을
중심으로 검토하고 수행하고자 여러 설계 전문가, 건축주, 사업가, 공무원, 정책
입안자, 그리고 가장 중요한 지역 공동체와 협력합니다.

일부 커뮤니티 디자인센터는 대학교 건축학과의 직간접적인 관리 속에서
운영됩니다. 그렇기에 건축학과 학생들은 지역에서 이뤄지는 실제 프로젝트를
경험할 기회를 얻을 수 있으며, 이 경험은 공공시설 설계에 뜻을 품고 공공 건축가가
되고자 하는 학생들에게 중요한 자산이 됩니다. 커뮤티니 디자인센터는 창의적인
건축가, 시공자, 투자자, 그리고 지역민이 함께 프로젝트의 목표를 설정하고 공유하게
함으로써 살기 좋고 상호 연결성이 높은 도시를 만들어갑니다.

허리케인 카트리나가 도시를 휩쓸고 간 해에 툴레인대학교 건축학과에서 설립한
스몰 공동 디자인센터(Albert and Tina Small Center for Collaborative Design)는
루이지애나주 뉴올리언스에서 활동하고 있습니다. 이곳은 종합적이고 포괄적인
설계안을 만들어내고자 건축가, 시행사, 전문 기관, 일반 대중을 설계 과정에
참여시킵니다.

이곳은 설계 과정 전반을 도맡아 처리해주기보다는 프로젝트를 완성해가는
지역민과 설계 전문가, 이해관계자를 연결해주는 촉매 역할을 합니다. 이 같은 소통은

외부에서 들어온 회사가 지역 내 현안이나 역사에 대한 이해 없이 회사의 야심만 채우지 않도록 하여, 프로젝트가 지역 공동체의 요구 사항과 목표에 바탕을 둔 상태로 진행되도록 해줍니다.

이런 프로그램은 설계 과정에 접근할 수 있는 길을 넓혀주며, 어린 학생들에게 지역을 대표해 긍정적인 변화를 이끌어낼 수 있는 권한을 줍니다. 스몰 공동 디자인센터는 음식점, 마을 정원, 습지 보존, 학습센터, 유아들의 교육 환경, 휴게 공간, 노숙자 복지 시설, 임시 주거 시설, 지능형 대중교통 시설을 협동 설계하며 참여 인원 2000명 이상과 함께 프로젝트 80건 이상을 완공했습니다. 이 중 다수 프로젝트는 프로젝트 담당자들이 계획 단계에서부터 시공 및 초기 운영에 이르기까지 협업하는 방식으로 진행되었습니다.

커뮤니티 디자인센터나 그와 비슷한 단체는 기본적으로 지역 공동체에 초점을 맞추기는 하지만, 자신이 진행한 프로젝트를 웹사이트나 공청회, 출판물을 통해 자세하고 투명하게 기록해두기도 합니다. 이들은 다른 사람들이 참고할 수 있도록 특정 프로젝트의 성공 요인과 난제를 폭넓게 공개하고 공유합니다. 미국 내 커뮤니티 디자인센터가 진행한 다양한 작업에 대해서 더 자세히 알고 싶다면 건축학과 연합회 (Association of Collegiate School of Architecture, ACSA)나 커뮤니티 디자인 연합회가 관리하는 커뮤니티 디자인센터 목록을 살펴보면 됩니다.

환경을 생각하는 지속가능성

지난 장에서 살펴보았듯이 건축가와 시공자에게는 건축 자재의 사후 처리 방법이 중요한 고민거리입니다. 건축사를 돌아보면 앞선 문명권은 수백 년을 넘어 수천 년을 견디는 건물을 지었습니다. 하지만 20세기와 21세기에 지은 많은 건물은 수명이 고작해야 40여 년에 불과합니다. 시공과 철거 과정에 들어가는 자재와 노동력을 생각해보면, 현대에 짓는 건물은 자원 의존도가 매우 높고 환경에 심각한 악영향을 미칩니다.

우리는 건축 자재의 폐기 절차에 대해서도 의문을 품어야 합니다. 자재가 철거

후에 올바른 방식으로 재활용 혹은 재사용되는지, 아니면 그저 폐기물로 버려지는지 의문을 가져야 합니다. 폐기물로 버려지는 자재는 분해가 되기까지 상당히 오랜 시간이 걸립니다. 최악의 시나리오는 건물을 사용한 기간보다 자재의 분해 시간이 더 오래 걸리는 것입니다.

건물을 오래 사용하면서 환경에 미치는 영향을 최소화하는 방법은 무엇일까요? 무엇보다 시공비를 폭넓은 관점으로 산정해야 합니다. 초기에 들어가는 설계비와 공사비뿐만 아니라 건물을 보수하고 철거하는 시점에 대해서 함께 고려해야 하는 것입니다.

이렇듯 건물의 전체 생애주기를 고려할 줄 아는 건축주나 투자자라면, 기꺼이 초기 단계에서부터 앞으로 있을 사용 및 운용상의 변화에 대비해 투자를 늘릴 것입니다. 또한 건축주와 지역 공동체는 완전히 새로운 건물을 고집하기보다는 기존 건물을 고쳐 짓는 작업에도 그만한 가치가 있다는 점을 이해해야 합니다.

환경적으로 지속가능한 건물을 짓자고 권하는 또 다른 건축 이론으로는 건물이 땅에 미치는 영향을 최소화하자는 개념이 있습니다. 이것은 호주 건축가 글렌 머컷 (Glenn Murcutt)의 작품에 바탕을 둔 주장입니다. 여느 유명 건축가와 달리 글렌 머컷은 호주에서만 활동하며 기후와 토양, 지형, 식생, 역사와 같은 지역적 자연적 조건을 예리하게 살피면서 설계안을 다듬어나갑니다.

건축 평론가들은 머컷의 작품이 호주 원주민의 건축에서 실마리를 얻어 형태와 재료, 공간 배치를 정하는 등 대지와 주변 환경을 세심하게 고려한다고 평가합니다. 머컷의 작품은 자연광과 패시브 시스템을 광범위하게 사용하기에 전기와 냉난방 장치에 의존하는 현대식 생활 방식과는 거리가 멉니다. 그는 에너지를 과다하게 소비하지 않고도 사용성이 좋고 편안한 공간을 만듭니다. 머컷은 나무 밑에 앉아있을 때의 정서와 평온함이 배어날 때 프로젝트가 성공적으로 진행되었다고 보며, 건물이 거주자를 주변 환경에서 떼어놓는 꽉 막힌 상자가 되어서는 안 된다고 봅니다.

이와 비슷한 원칙 아래에서 운영되는 텍사스대학교 걸프 코스트 디자인 랩(Gulf Coast Design Lab)은 환경 교육 시설과 여가 시설을 만드는 단체로 설계와 시공을 함께 진행합니다. 걸프 코스트 디자인 랩이 담당하는 프로젝트는 주변 맥락을 세심하게 살피는 건축 활동을 통해 해당 대지의 경관을 향상시키는 것을 목표로 삼습니다. 실제로 이들이 지은 조류 관찰대와 야외 교실은 해당 지역의 생태계에 녹아들어 있습니다.

다양성, 공정성, 포용성

다양성, 공정성, 포용성을 증진하기 위해서 건축가는 설계비를 지불하는 건축주뿐만 아니라 지역 사회 전체를 헤아리며 설계해야 합니다. 중요한 사적 시설에 대한 의뢰는 늘 있겠지만, 공공 건축가라면 자신이 설계하는 건물이 배척이 아닌 포용의 공간이 되는 방안을 고민할 것입니다. 또한 공공 건축가는 저소득층을 위한 학교이건 사립대학교의 도서관이건 각 프로젝트를 사려 깊게 설계하려고 노력할 것입니다.

꺼림칙하기는 하지만 건축가는 교도소와 같은 교정 시설을 설계하고 시공하는 일에도 참여합니다. 건축가는 교정 시설이 어떻게 하면 교도관과 재소자 모두에게 안전하고 인도적인 공간이 될지를 고민합니다. 건축가는 다양한 건물군을 의뢰받기 마련이며, 설계안은 부나 명예가 있는 사람들만의 전유물이 되어서는 안 됩니다.

요즘 건축계에서는 주택을 적정한 가격으로 공정하게 공급하는 것이 가장 중요한 과제 중 하나입니다. 지금처럼 도시 내 주택 임대료가 치솟는 상황에서 어떻게 하면 젠트리피케이션(낙후 지역을 개발하는 과정에서 원주민이 쫓겨나는 현상_옮긴이) 없이 모든 계층에게 쾌적하고 믿을 만한 주택을 공급할 수 있을까요? 다큐멘터리 〈프루이트-아이고 신화 The Pruitt-Igoe Myth〉(2011)는 미주리주 세인트루이스에 1954년에 지은 공공주택 33개 동이 20년 만에 도시 개발의 상징물에서 부패와 폭력의 온상이 되어버린 이야기를 들려줍니다.

공공주택을 보급하려는 노력은 오늘날에도 계속 이어지고 있습니다. 2017년에 일어난 런던 그렌펠타워 화재 참사도 그 연장선상에서 일어난 사건입니다. 공공주택으로 보급된 그렌펠타워는 외부 마감재 결함으로 인해서 화재에 무척 취약한 상태였습니다. 21세기에 도시 개발을 진행하는 건축가는 누구나 안전한 집을 적절한 가격으로 구할 수 있는 동시에 주택과 주택 인근의 공용 공간이 접근성이 좋고 노년층이 사용하기에 무리가 없도록 주의해서 계획해야 합니다.

건축가는 다양성과 공정성, 포용성을 간직하고 장려하는 건축 환경을 조성하는 것 이외에도 다양한 학생과 열정이 넘치는 직원들을 위해 교육 및 근무 여건을 개선하는 것과 같이 건축계의 현실과 관련된 일도 처리해 나가야 합니다.

미국은 건축을 전공하는 학생의 절반 이상이 여성이지만 전문 자격을 갖춘 여성 건축가는 전체 건축가의 30퍼센트에 불과합니다. 전반적으로 건축계는 교육 현장이나 실무 현장에서 여성과 유색 인종이 롤모델로 삼을 만한 인물이 부족합니다. 건축이 자기에게 알맞은 진로일 수도 있다는 사실을 어린 학생들이 알아차리지 못한다면, 건축계는 다양성이 넘치는 분야가 되기 어려울 것입니다.

건축계가 교육 현장과 실무 현장에서 개방성과 접근성을 높이기 위해 어떤 노력을 기울이고 있는지 살펴봅시다.

- 미국건축가협회 지부와 여러 건축사무소는 고등학생과 대학생에게 건축이라는 분야를 알기 쉽게 소개하고자 건축가를 만나거나 시공 현장을 방문하는 봉사 프로그램 및 멘토링 프로그램을 개설했습니다.

- 집안에서 첫 번째나 두 번째로 대학생이 된 학생이라면, 건축은 투자한 대가를 얻기까지 너무나 오랜 시간이 걸리는 분야라고 생각할 수 있습니다. 건축은 전문 자격을 갖추고 업계에서 자리를 잡기까지 시간이 많이 걸리고 교육비가 많이 들어갑니다. 요즘은 건축계 내 소수 계층을 지원하는 장학제도가 더 많아졌고, 일부 학교는 건축학과의 수업료를 낮추기 위해 노력하고 있습니다.

- 건축사무소들은 건축계가 공정성과 접근성이 낮다는 점을 해결하기 위해 가족이 딸려 있거나 기타 개인적인 사유가 있는 직원을 중심으로 일과 삶의 균형을 높이는 방안을 찾고 있습니다. 이를 위한 방법으로는 재택근무, 직무 분담, 탄력 근무제가 있습니다.

몸과 마음의 건강

유명 건축가는 우리 삶을 더 행복하고 건강하게 만들어줄 수 있을까요? 제 기능을 하지 못하거나 질이 나쁜 자재를 사용하거나 환기가 잘 되지 않는 건물은 우리 건강에 악영향을 미칠 수 있습니다. 작가 알랭 드 보통은 『행복의 건축』에서 우리가 건물 안에서 훤히 들여다보이는 느낌을 받거나 남의 시선을 의식하게 되는 이유,

편안하고 고양된 기분을 느끼는 이유를 찾아 나섭니다. 아름다움에 대한 기준과 건물을 아름답게 만드는 요소는 시대에 따라 달라지며 문화권마다 차이를 보입니다. 아름다움이라는 가치는 건물에서 느껴지는 평온함과 단순함에서 찾을 수 있는 것일까요? 아니면 실험적인 설계 속에서 찾을 수 있는 것일까요?

건축이 몸과 마음의 건강을 어떻게 향상시키는지를 알아보는 가장 좋은 방법 중 하나는 병원이나 의료 기관과 같은 장소를 살펴보는 것입니다. 휴식과 위안이 필요한 사람들을 돌보는 의료 시설은 채광과 신선한 공기, 그리고 야외 공간이 풍부한 호텔이나 리조트와 비슷한 수준으로 안락해야 합니다.

핀란드 건축가 알바 알토(Alvar Aalto)는 1928년에 요양원 설계 공모전에 참가하면서 이것을 깨달았습니다. 이 요양원은 결핵 환자들을 위한 시설이었으며, 알바 알토는 본인 역시 심각한 질환을 겪은 적이 있었기에 환자들의 시선에서 설계하는 것이 중요하다고 생각했습니다. 그래서 그는 침대에서 바라본 풍경은 어떤지, 빛이 너무 강하지는 않은지, 내부 공간이 이동하기에 좋고 시각적으로 매력적인지, 야외 공간을 실내로 끌어들일 수 있는지를 고려했습니다. 또 알바 알토는 위생 관리가 쉽고 환자들이 비스듬히 기댄 상태에서도 편안하게 사용할 수 있는 가구를 정성 들여 설계하고 제작했습니다. 오늘날 알바 알토가 추구한 기능적이고 이로운 건축에는 근거 기반 설계(Evidence-based Design)라는 이름이 붙어있습니다.

매기스 센터(Maggie's Centers)는 근거 기반 설계를 한층 더 철저하게 밀어붙인 현대식 건물입니다. 건축 평론가 찰스 젠크스(Charles Jencks)가 자신의 아내를 기리며 공동 설립한 이 진보적인 암 치료센터는 건물이 환자의 전반적인 건강 상태와 행복감을 드높여야 한다는 사고방식을 전적으로 받아들였습니다. 사람들이 흔히 안식처라고 부르는 매기스 센터는 건축 환경과 자연환경 사이에 남다른 연결 부위를 마련해 내부 공간과 외부 공간을 연결합니다. 매기스 센터는 병원이라기보다는 탁월한 풍경을 거느린 집합 주거 시설과 휴양 시설을 닮았습니다. 자하 하디드, 프랭크 게리, 스뇨헤타(Snøhetta)와 같은 유명 건축가들은 영국과 홍콩에 위치한 매기스 센터를 설계했습니다.

즐거움을 이끌어내는 공간

건축가라는 직업은 건강, 안전, 행복이라는 세 가지 중요한 목표와 밀접하게 관련되어 있습니다. 이 세 가지 목표는 건물을 지을 때 가장 유념해야 하는 요소들이지만 건축가에게는 어느 정도 유머 감각도 있어야 합니다. 건축은 사람들이 행복하고 활기차게 살아갈 수 있게 해주어야 합니다. 우리가 살아가는 건축 환경은 단순히 기능적인 곳이 아니라 기념할 만한 곳이기도 해야 합니다.

우리는 도면이나 3차원 그래픽으로만 존재하는 강렬하고 진보적이고 상상력이 넘치는 설계안을 만들 수 있습니다. 하지만 실제로 시공되지 않은 설계안이라고 해서 아무짝에도 쓸모가 없는 것은 아닙니다. 도면과 글쓰기가 건축가의 주요 표현 수단이라고 생각한 블랭크 스페이스(Blank Space)는 "상상력을 자극"하는 온라인 플랫폼으로, 페어리 테일즈(Fairy Tales)와 드라이버리스 퓨쳐(Driverless Future)와 같은 건축 공모전을 열어 건축인들에게 도전 과제를 제시합니다. 블랭크 스페이스의 웹사이트는 건축의 무한한 가능성을 보여주는 산실입니다.

즐거움이라는 측면에서 살펴보자면, 건축가는 놀이터, 여가 시설, 스케이트장뿐만 아니라 놀이 공원에 꾸며지는 환상의 나라와 같은 작업에도 참여합니다. 이런 시설을 설계할 때 건축가는 색다른 구조물과 세부 요소를 통해 방문객을 유령의 집이나 우주 주택, 마법의 나라로 보내는 방법을 상상합니다.

디즈니랜드나 유니버셜 스튜디오와 같은 테마파크 속 체험 시설은 영화 속 왕국이나 모험 세계를 그대로 재현해놓은 것들입니다. 건축가는 이처럼 특정 왕국을 재현하는 세트 디자인 작업이나 각종 양식과 지역을 버무려서 어디서도 본 적이 없는 건축물을 제작하는 작업, 혹은 역사 속의 한 시대를 재해석하는 작업에 참여하기도 합니다.

우리에게 웃음을 선사하는 건축물을 보고자 일부러 놀이 공원이나 테마파크 같은 곳을 찾아갈 필요는 없습니다. 길가를 둘러봐도 눈길이 가는 건물을 찾을 수 있습니다. 이처럼 건물의 용도를 우스꽝스럽게 표현하는 건물을 건축가 로버트 벤츄리는 '오리'라고 불렀습니다. 롱아일랜드에서 오리알을 판매하는 커다란 오리

파반 이예르(Pavan Iyer)

공인 건축가

어떤 일을 담당하고 계신가요?

저는 공인 건축가이고, 장소성에 기반한 설계 상담을 통해 지역에 긍정적인 변화를 이끌어내고자 하는 에이트빌리지(Eightvillage) 건축사무소의 설립자입니다. 아슈타그라마 (산스크리트어로 "여덟 마을"이라는 뜻)는 인도 카르나타카주 콜라에 있던 조그만 공동체였습니다. 16세기 초 아슈타그라마 이예르라고 알려진 몇몇 브라만이 왕국의 요청을 받고 타밀나두에서 아슈타그라마로 건너왔습니다. 그들은 학식을 갖춘 사제, 베다어 학자, 농업가의 자격으로 방문했고, 얼마 안 가서 가난한 왕국을 교육과 경제 수준이 높은 곳으로 탈바꿈시켰습니다. 저희 에이트빌리지는 장소성이 깃든 생태 환경을 조성하는 방법과 우리 작품에 감성을 싣는 방법을 고민하면서 아슈타그라마의 정신을 이어가고 있습니다.

평소 일과는 어떻게 흘러가나요?

저는 시행사, 지역 주민, 비영리 단체와 함께 지역 주민들의 삶을 향상시키는 설계안을 만들면서 설계 서비스에 대한 접근성을 넓히려 합니다. 저희는 더 나은 공간을 만들기 위해 사람과 건축을 하나로 아우릅니다. 저희 사무소는 건축, 도시 설계, 부동산 개발 업무를 담당합니다. 또 지역 사회의 참여를 이끌어내는 색다른 모델을 계획하고 운영하는 일을 의뢰받기도 합니다. 한번은 애틀랜타 뷰포드고속도로 인근 지역에 사는 아이들과 함께 조명을 설계하고 시공한 적이 있습니다. 이렇듯 일반적인 건축 프로젝트가 아닌 일을 맡을 때도 있지만, 저희가 가진 건축적 관점을 활용해 지역 사회에 도움이 되고자 합니다. 저희 사무소가 진행하는 작업에서는 소통과 협업이 가장 중요하며, 저희는 인류와 지구에 도움이 되는 프로젝트를 맡아 원활하게 추진하고자 하는 열정을 갖고 있습니다.

왜 건축가가 되고 싶으셨나요?

더욱더 좋은 공간, 사람들을 더욱더 포용하는 공간을 만들고 싶었고, 지역 주민들이 자신이 살아가는 환경 속에서 더욱 적극적인 역할을 맡도록 도와주고 싶었습니다. 건축가는 전문적인 지식과 설계안을 통해 건축 환경 속에서 살아가는 사람들을 위한 이야기와 로드맵을 만들 수 있습니다.

건축가로 살아가면서 가장 어려운 일은 무엇이었나요?

지역 사회에서 추진하는 프로젝트는 관료주의에 맞닥뜨릴 때가 많습니다. 그래서 저희는 저희 능력으로 해당 프로젝트를 성공시킬 수 있는 방법을 모색합니다.

건축가가 되어서 가장 좋은 점이나 가장 뿌듯한 점은 무엇인가요?

지역 사회와 함께 일하는 것, 그리고 주민들이 목소리를 높이도록 도와 여러 공간을 형성해가는 과정이 즐겁습니다. 사람들은 투자라고 하면 실질적인 돈이나 자본을 떠올리겠지만 사실 프로젝트의 절반은 정치적 자본과 관련되어 있습니다. 공공 프로젝트를 진행하려면 그 프로젝트가 완공되도록 정치적으로 힘을 써줄 사람이 있어야만 합니다. 그러기 위해서는 협업이 필요합니다.

건축가가 되고 싶은 이들에게 해주고 싶은 조언이 있나요?

지역 사회에 필요한 게 무엇인지 알아두세요. 지금 하는 일에 매진하세요. 그리고 안전지대 밖으로 나가보세요.

모양 건물이 바로 그런 사례입니다. 또 다른 유명한 사례로는 코니 아일랜드 코끼리, 보스턴 어린이 박물관으로 옮겨진 우유병 모양 건물, 애니메이션 〈카〉(2006)에 등장하는 코지 콘 모텔의 모델이 된 위그왬 빌리지 모텔의 콘크리트 텐트가 있습니다.

전망

건축의 역사는 탐구해볼 만한 건물과 아이디어로 넘쳐납니다. 앞서 살펴봤듯이 미래를 위해 더 나은 설계안을 만들어내려면 과거를 이해하고 그로부터 교훈을 얻어야 합니다. 미래를 내다보는 건축가에게는 무궁무진한 가능성이 있습니다. 건축가에게는 광대한 도시를 세우고, 까다로운 대지 조건에 적용하고, 이전 시대 건축가들이 난감해하던 여러 물리적 과제를 해결해주는 재료와 구조 기술이 있습니다.

하지만 우리에게는 여전히 해결하지 못한 문제들이 있습니다. 건물의 수명과 범용성을 늘릴 수 있는 방법은 무엇일까요? 새로운 재료와 시공법을 동원한다면 건물에도 자연재해나 대참사 이후의 회복력을 높여주는 자가 보수 기능이 생길 수 있을까요? 어떻게 하면 건물 잔해나 고고학, 디지털 기술을 활용해서 지금은 사라진 유적지와 문화를 더 깊이 이해하고 새로운 이야기를 발견해나갈 수 있을까요? 극한 지역에서는 건물을 어떻게 지을 것이며, 동시에 그 건물이 주변 환경의 맥락을 따르고, 더 나아가 주변 환경을 개선시키는 방법은 무엇일까요?

건축가는 공간을 바라보고 사용하는 방법에 대해서 끊임없이 다시 생각할 것입니다. 예를 들어 건축가는 도심이나 교외 지역에 지어진 일반적인 주택이 완전히 자급자족하는 방안을 찾아 나설 것입니다. 만약 주택이 일상생활에 필요한 에너지를 모두 스스로 만들 수 있고, 욕실이나 주방에서 사용한 중수를 정원수로 재활용해 상당량의 신선한 식재료를 재배할 수 있다면 어떻게 될까요? 그런 계획이 이뤄진 주택으로는 별채 개념의 주거용 보조 유닛(ADU)이 있습니다. 작은 주택을 선호하는 흐름을 감안했을 때 주거용 보조 유닛은 일부 가족 구성원용으로 쓰거나 임대주택으로 세를 놓아 부수입을 올릴 수도 있습니다.

도시라는 차원에서 보자면, 건축가는 제대로 활용되지 못하고 있는 땅은 물론이고 오염된 땅도 계속해서 되살려 나갈 것입니다. 조경가 톰 리더(Tom Leader)와 지역 건설사 브라스필드 앤드 고리(Brasfield & Gorrie)는 앨라배마주 버밍엄에 있는 산업지구 7만 6000제곱미터를 여가와 휴식을 위한 철길 공원으로 탈바꿈시켰습니다. 이 공원은 달리기, 자전거, 스케이트보드를 즐기는 사람들에게 인기 있는 장소입니다.

철길 공원의 이색적인 놀이터는 습지와 어우러져 있으며 공원 옆 고가철로 위로는 기차가 지나갑니다. 주말이나 특별한 행사가 열리는 날이면 철길 공원은 야외 음악회와 예술 축제가 열리는 장소로 변신합니다. 주민들은 이 공원을 친근하게 "버밍엄의 거실"이라고 부릅니다. 철길 공원은 인근 지역의 개발을 부르는 촉매제가 되기도 했습니다. 2013년 건축사무소 에이치케이에스(HKS)는 철길 공원과 인접한 지역에 마이너리그 야구팀의 홈구장, 식당가, 양조장, 주택 단지를 지었습니다. 홈경기가 열리는 날이면 야구장 인근 지역은 교통이 차단되고 보행자와 즉석 행사를 위한 장소가 됩니다.

앞으로 건축계는 신나는 기회의 장을 맞이하겠지만 자격 제도에 일부 변화가 생겨 업계에 지각 변동이 생길 수도 있다는 점을 짚고 넘어가야 하겠습니다. 그래서 다음 장에서는 건축가가 되기 위한 주요 관문인 교육, 실무 경험, 자격시험에 대해서 살펴보도록 하겠습니다. 요즘 건축계 내에서는 더 많은 이들에게 다가가고, 업계 내 다양성을 증진하고, 국제 경험을 장려하기 위해서 건축가가 되는 과정을 더욱 효율적으로 운영하고자 하는 움직임이 나타나고 있습니다.

미래를 대비하는 해결책들

유엔이 제시한 지속가능한 개발 목표는 전 지구적인 차원에서 더욱 공정하고 사려
깊고 열린 미래를 지향합니다. 아래에 적힌 열일곱 가지 목표는 건축과 직접적인
관련은 없지만, 건축 환경에 담겨야 할 요소와 건축계 종사자들이 2030년까지 세상을
더 좋은 곳으로 만들기 위해 생각해봐야 할 핵심 과제가 담겨 있습니다. 각 목표를
하나하나 살펴보며 그것이 건축과 어떤 지점에서 연결될 수 있을지 살펴보도록
합시다.

1. **빈곤 종식:** 주거, 물, 위생 시설, 지역 내 공공시설 및 편의 시설에 접근할 수
   있다면 빈곤의 사슬을 끊어낼 수 있습니다.

2. **기아 종식:** 농작물 시설에 대해서 다시 생각해보고 도시와 시골 지역의 '식품 사막
   지역'을 줄입니다.

3. **건강과 행복:** 걸어서 건강 및 보건 시설에 접근하기 좋은 도시를 만듭니다.

4. **양질의 교육:** 경제 수준이나 남녀 구분 없이 다닐 수 있는 학교를 열고,
   매력적이고 접근 가능한 학습 환경을 조성합니다.

5. **양성 평등:** 특정 공간에 여성이 출입하지 못하도록 하는 규칙을 줄이고, 도시와
   시골 지역에서 누구나 안전하게 생활할 수 있는 환경을 만듭니다.

6. **깨끗한 물과 위생:** 누구나 물을 이용할 수 있도록 관련 시설을 개발하고
   배치합니다.

7. **적정 가격의 깨끗한 에너지:** 누구나 재생에너지를 생산할 수 있는 시스템을
   개발해 배치합니다.

8. **좋은 일자리와 경제 성장:** 모든 노동자에게 안전한 일터를 조성합니다.

9. **산업, 혁신, 인프라:** 지역과 전 세계의 생산 기지를 연결하는 산업 지대를
   확충합니다.

10. **불평등 완화:** 설계 서비스와 설계가 잘 이루어진 공간에 누구나 접근할 수 있는 환경을 조성합니다.

11. **지속가능한 도시와 공동체:** 폭넓고 효율적인 설계를 통해, 더욱 크게 통합된 체계 속에서 운영되는 건물을 짓습니다.

12. **책임 있는 소비와 생산:** 건물이 철거될 수 있는 가능성을 줄이고 생애주기 동안 최적화된 방식으로 운영되도록 설계합니다.

13. **기후변화에 대한 대처:** 건물을 짓고 이용하는 과정에서 발생하는 온실가스를 단순히 줄이는 수준을 넘어 없애는 것을 목표로 삼습니다.

14. **해양 생태계:** 오염된 해안가나 습지와 같이 생태계 및 생물 다양성에 악영향을 미칠 수 있는 곳에는 건물을 짓지 않습니다.

15. **육상 생태계:** 건물을 짓기 위해 산림을 벌채할 때는 산림을 회복시키는 지속가능한 방식을 사용합니다.

16. **평화와 정의, 그리고 강력한 제도:** 인권을 향상시키는 공간을 설계합니다.

17. **목표 달성을 위한 파트너십:** 이상과 목표를 공유하는 자세를 확립하기 위해 마을, 지역, 국가, 국제적인 무대에서 일합니다.

위에서 언급한 내용은 야심 찬 목표이기는 하지만 건축가와 시공사, 정책 입안자, 지도자, 지역 공동체가 합심한다면 이뤄낼 수 있는 것들입니다. 앞서 살펴봤듯이 건축은 협업이 긴밀하게 이뤄져야 하는 분야이며, 미래를 위한 설계안을 계획해 나가려면 반드시 협업이 이뤄져야 합니다.

5장

교육 과정 및 진로

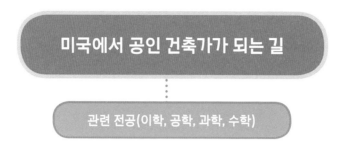

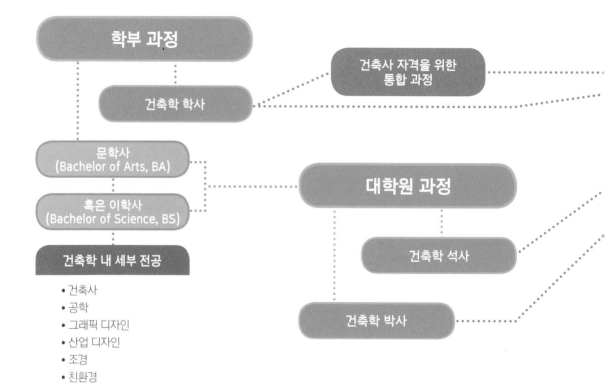

미국 건축학 인증원(NAAB)이 인정하는 학위

어려서부터 건축가가 되고 싶다고 생각하는 사람도 있기는 하지만 다른 학문을 전공하거나 다른 분야에서 일하다가 건축계로 접어드는 사람들도 있습니다. 건축가가 되는 길은 어느 한 가지로 딱 정해져 있지 않으며, 이것이 건축의 가장 큰 매력 중 하나입니다. 건축은 워낙 다면적인 분야이기 때문에 다른 분야에서 일하다가 건축계로 넘어온 사람들은 자신의 설계안에 독창적인 관점을 담을 수 있습니다.

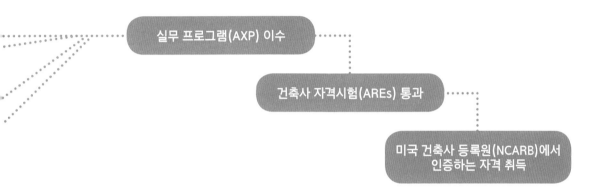

실무 프로그램(AXP) 이수

건축사 자격시험(AREs) 통과

미국 건축사 등록원(NCARB)에서 인증하는 자격 취득

기타 설계 분야 학위

- 문학 석사 혹은 건축사 및 건축학 박사
- 설계학 석사
- 조경학 석사
- 고성능 건축, 첨단 건축, 건축과 건강, 문화재 보존 등과 관련된 석사
- 도시 계획 석사
- 도시 환경 계획 석사
- 설계학 박사

기타 인증 및 자격 제도

- 미국 건설 시방서 협회 Construction Specification Institute(CSI)
- 친환경 건축물 인증제도 (LEED)
- 공인 인테리어 전문가 자격 제도(NCIDQ)
- IWBI(International WELL Building Institute) 인증

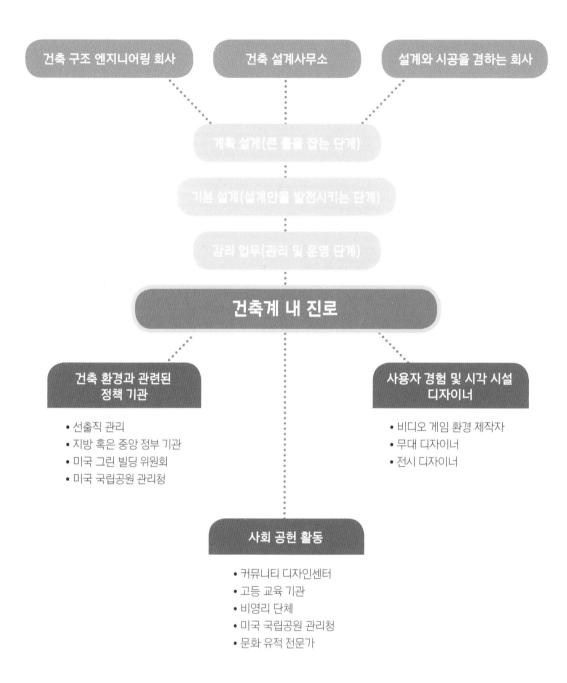

건축 구조 엔지니어링 회사

건축 설계사무소

설계와 시공을 겸하는 회사

계획 설계(큰 틀을 잡는 단계)

기본 설계(설계안을 발전시키는 단계)

감리 업무(관리 및 운영 단계)

건축계 내 진로

건축 환경과 관련된 정책 기관

- 선출직 관리
- 지방 혹은 중앙 정부 기관
- 미국 그린 빌딩 위원회
- 미국 국립공원 관리청

사용자 경험 및 시각 시설 디자이너

- 비디오 게임 환경 제작자
- 무대 디자이너
- 전시 디자이너

사회 공헌 활동

- 커뮤니티 디자인센터
- 고등 교육 기관
- 비영리 단체
- 미국 국립공원 관리청
- 문화 유적 전문가

참고 문헌

Bergdoll, Barry, and Guy Nordenson, eds. *Rising Currents: Projects for New York's Waterfront*. New York, NY: Museum of Modern Art, 2011.

Borden, Iain, Murray Fraser, and Barbara Penner, eds. *Forty Ways to Think About Architecture: Architectural History and Theory Today*. Hoboken, NJ: John Wiley & Sons, 2014.

Brown, James Benedict, Harriet Harriss, Ruth Morrow, and James Soane, eds. *A Gendered Profession: The Question of Representation in Space Making*. Newcastle Upon Tyne, UK: RIBA Publishing, 2019.

Ching, Francis D. K. *Architecture: Form, Space, & Order*. Hoboken, NJ: John Wiley & Sons, 2007.

Ching, Francis D. K., Mark M. Jarzombek, and Vikramaditya Prakash. *A Global History of Architecture*. Hoboken, NJ: John Wiley & Sons, 2007.

Cole, Emily, ed. *The Grammar of Architecture*. Boston, MA: Bulfinch Press, 2002.

Elefante, Carl. "The Greenest Building Is . . . One That Is Already Built." *Journal of the National Trust for Historic Preservation* 21, no. 4 (2007): 26–38.

Fletcher, Margaret. *Constructing the Persuasive Portfolio: The Only Primer You'll Ever Need*. London, UK: Routledge, 2016.

Fraser, Murray, ed. *Design Research in Architecture: An Overview*. Surrey, UK: Ashgate Publishing Limited, 2013.

Frederick, Matthew. *101 Things I Learned in Architecture School*. Cambridge, MA: MIT Press, 2007.

Goode, Patrick, ed. *The Oxford Companion to Architecture*. Oxford, UK: Oxford University Press, 2009.

Holden, Robert, and Jamie Liversedge. *Landscape Architecture: An Introduction*. London, UK: Laurence King Publishing Ltd., 2014.

Ingersoll, Richard, and Spiro Kostof, eds. *World Architecture: A Cross-Cultural History*. 2nd ed. Oxford, UK: Oxford University Press, 2019.

Irving, Mark, ed. *1001 Buildings You Must See before You Die*. London, UK: Cassell Illustrated, 2007.

Mason, Randall, and Max Page, eds. *Giving Preservation a History: Histories of Historic Preservation in the United States*. 2nd ed. London, UK: Routledge, 2019.

Orff, Kate. *Toward an Urban Ecology: SCAPE*. New York, NY: The Monacelli Press, 2016.

Pevsner, Nikolaus. *An Outline of European Architecture*. Harmondsworth, UK: Penguin, 1943.

Robertson, Margaret. *Dictionary of Sustainability*. London, UK: Routledge, 2017.

_____. *Sustainability Principles and Practice*. 2nd ed. London, UK: Routledge, 2017.

Stein, Carl J. *Greening Modernism: Preservation, Sustainability, and the Modern Movement*. New York, NY: W. W. Norton, 2010.

Stratigakos, Despina. "Hollywood Architects." *Places Journal* (September 2016). doi:10.22269/160906.

Vitruvius, Pollio. *The Ten Books on Architecture*. Edited by Albert Andrew Howard, Morris Hicky Morgan, and Herbert Langford Warren. Translated by Morris Hicky Morgan. Cambridge, MA: Harvard University Press, 1914.

색인

10대를 위한 나의 첫 건축 수업

초판 1쇄 발행 2021년 11월 20일
초판 3쇄 발행 2023년 9월 10일

지은이 대니얼 윌킨스
옮긴이 배상규

펴낸이 김진규
경영지원 정동윤
책임편집 정유민
디자인 이아진

펴낸곳 ㈜시프 | 출판등록 2021년 2월 15일(제2021-000035호)
주소 경기도 고양시 덕양구 권율대로668 티오피클래식 209-2호
전화 070-7576-1412
팩스 0303-3448-3388
이메일 seepbooks@naver.com

ISBN 979-11-975638-3-6 (43540)